当你和世界不一样

你和世界不一样

徐洁 著

自我成长
修炼书

中国华侨出版社

你 成 功 ， 是 因 为 你 敢 和 别 人 不 一 样 。

前言

　　我们为什么总是为小事抓狂？为什么总是害怕被人发现真正的自己？我们为什么总会有失望、焦虑、不满、恐惧？我们为何如此不安？

　　很多时候，我们都在期盼美好，憧憬未来，希冀幸福，很多时候，我们又在抱怨、烦恼、愤怒，我们去说大多数人都在说的话，去过大多数人都在过的生活，而忘了自己真正想要的、想做的是什么，压抑和烦躁大概也源于此。

　　很多时候，我们觉得太难太累，是因为想外界的事情太多，而忘记了心里的那个"我"。每个人都是这世上的唯一，你不必按照别人的要求去生活，也不必一定要活出别人喜欢的模样，无须讨好世界，且让自己欢喜。

幸福要靠自己争取，成功要靠自己努力，好运要靠自己创造。当你学会用自己的光照亮自己的路，不管多艰难，也能为自己取暖，晴天雨天也能心安，把残缺过成圆满；当你远离了一切虚妄和幻想，摒弃了所有的烦躁和嘈杂，当你能坐看云舒，且听风吟，活出自己的样子，当你和世界不一样……所有的美好都会慢慢向你靠近。

爱自己，才能爱世界，成全自己，才能见欢喜世界。这一次，你要和别人不一样，找到自己，为自己而活。当找到你自己，当你和世界不一样，当你活出自己最美的姿态，你就能成就你人生的花好月圆，过上自己喜欢的生活。

本书让你重新发现你自己，活出最真实的自己，更加坦然、从容地生活，然后能够寻找到更为积极的方式与态度应对成长过程与生命本身必须应对的困境与麻烦。

目 录
CONTENTS

第一辑／当你找到自己，世界就会找到你

世界原本美好，你当温柔如初，认真地对待自己，取悦自己，找到自己，风来花自舞，雨来无悲戚，细雨斜阳，微风向暖，这世上所有的美好都会成为你的吸引。

第二辑／当你心无杂念，幸福才会回答

幸福是心的感觉，心若向阳，无谓悲伤。清空心里的阴
霾，静守己心，岁月静好，浅笑安然。把快乐装进心里，
幸福原来那么简单。

第三辑／当你随心而行，人生定会迎来万里晴空

我们应该用快乐拥抱生活，止息生命中的苦恼忧悲，让心保持欢愉，一切随心而行，生命自会万里晴空。

第四辑／当你坚持努力，梦想就会如期实现

每一次的弯路都为了能找到正确的方向，每一次的跌倒，都为了更好地看清脚下的路。如果你身处逆境，尽管去做，别辜负生命的另一种可能。

第五辑／当你活出自己，生如夏花般灿烂

每个人在世上只有一次活的机会，没有人能够代替他重新活一次。生命短暂，当如夏花，活出最美、最真实的姿态。

第六辑／当你内心安然，每一寸时光都是欣喜

世界再繁华，也要守一份宁静安然，平平淡淡，简简单单，看淡世事沧桑，内心安然无恙，每一寸光阴都是最美。

第七辑／当你平常心态，花谢花开皆风景

人生如此艰难，你要学会自己取暖，安享当下，不悲不喜，时到花自开，水到渠自成，以平常心顺其自然地生活，花开花谢便都是风景。

第八辑 ／当你懂得缺憾，也就懂得了人生

因为不完美，生命总有无限可能。包容遗憾，谅解遗憾，然后与不完美的人生和解，让阳光照进生命，依阳光而行。

第一辑

当你找到自己
世界就会找到你

世界原本美好，你当温柔如初，认真地对待自己，取悦自己，找到自己，风来花自舞，雨来无悲戚，细雨斜阳，微风向暖，这世上所有的美好都会成为你的吸引。

/ 能够拯救你的，只有你自己 /

在一座废弃的楼房里，一个孩子正在那里玩耍。忽然，他听见不远处传来了一阵悲伤的哭泣声。于是，他循着声音望去，只看见在一个角落里，有一个四四方方的铁笼，里面囚禁着一个骨瘦如柴的人，哭泣声正是从这个人口中发出来的。

孩子急切地问："你是谁？"

那个人回答："我是我的生命。"

孩子接着问："谁把你关在这里的？"

那个人说："我的主人。"

"谁是你的主人？"

"我就是我的主人。"

"嗯？"孩子有些不解。

那个人继续说："谁也没有囚禁我，是我自己囚禁了自己。当我欢笑着试图在人世间展示我生命的欢乐时，我发现稍不谨慎就有落入陷阱的可能，从而跌入黑暗的低谷；稍不谨慎就会遭受风雨的猛烈袭击，甚至会被风浪一股脑吞没，所以我变得很懦弱，内心也十分恐惧，于是，我就将自己囚禁在这个铁笼里，我认为这样非常安全，不会有危险发生在我的身上。我从来不敢也无法冲出铁笼去面对生活，而一天天地哭泣会让我的生命流干。"

孩子并不懂那个人说的究竟是什么含义，他只是心想："我要设法砸碎这铁笼，将这个人尽快解救出来。"于是，这个孩子找来了一把大榔头，鼓足自己所有的力气，向铁笼砸去……直到这个孩子累到了极点，铁笼还是没能砸开。见状，那个人顿时怜悯起这个孩子来："唉，把榔头给我，让我自己砸开它吧。"话音还没有落下，铁笼就已经散开了。

这个故事告诉我们：在人生的路途上，我们谁也无法预知未来可能出现的各种挫折，一旦挫折袭击到了我们的头上，我们是否有勇气进行自我拯救，大胆地走出逆境中的泥泞，从而打开自己的"活路"呢？

当感到生活有负于我们的时候，如果我们选择逃避，将自己囚禁在自认为安全的大"网"里，那样就意味着我们已经迷失了自己，离"真我"也会越来越远。要知道，从我们诞生日起到离开这个人世，有一个最为可怕的敌人——自己，会一直陪伴在我们的左右。我们只有不断超越自我、挑战自我，才能逐渐增强我们的意志力，成为自己真正的主人。

说到底，我们自己才是自己真正的救世主，只有自我拯救才能获得别人更多的帮助，才能使眼前出现"生"的奇迹。那么，我们该如何完成自我拯救呢？

首先，我们要始终保持乐观而自信的积极心态，坚持一种自强自立的精神，机遇一旦来临，我们就要牢牢地把握住，坚持不懈，进行到底。

其次，还要为自己确立正确的目标，从内心中挖掘出自己想要走的方向。

我们不能将自己套牢在一个固定的框架内，不光要"尽心尽责"，还要不断地自我激励，从而突破自己，让自己上升到一个新的完美高度。与此同时，还要让自己的思维"更新换代"，因为创新是使脚下的路得以活力四射的牢固基石。

　　从实际生活和工作中，我们可以明显地看到：有的人之所以能活得精彩，是因为他们自信满满地行走在幽雅小径之上，不仅找准了自己的目标和位置，而且还延伸了自己的理想和主宰命运的能力；而有的人最终却让自己陷入了"死胡同"，这是因为他们的消极心态驱使他们潜入阴暗的角落里，这样一来，他们根本就摸索不到前行的路。

　　可以说，做自己的主人就是一门生动的学问，人只有真正成为自己的主人，才能领悟到其中的人生真谛，塑造出灿烂辉煌的一生。当然，这条路并不是一帆风顺的，在行进的过程中，也许我们的内心会挣扎、会疼痛，但是过后我们会发现：不经一番寒彻骨，哪来梅花扑鼻香？

　　人生在世，就要以一种博大的胸怀坦荡地活着，在烦恼压身的时候，我们万万不可使自己落入"万般执着"的陷阱里，不要自己为难自己，而要学着做自己的主人，遇到困境和麻烦靠自己拯救自己。这样我们才算真正地活出了自己，展现在我们面前的，才会是另一个世界的美好。因为我们的心灵找到了一个正确的出口，获得一种久远的宁静和快乐。

／ 好好地，为自己活着 ／

　　从前，有一位很有名气的诗人，他一直为一件事苦恼着：他还有相当一部分诗作没有发表出来，并且，也没有得到别人的欣赏。

　　苦恼之际，这位诗人找到了他的朋友。这天，诗人向朋友说了自己的苦恼。朋友听后淡然一笑，手指着一株茂盛的植物说："你看，那是什么花?"诗人看后回答说:"夜来香。"朋友说:"没错,是夜来香,它仅在夜晚开放,那么你知道这种植物为何仅在夜晚开花、散发香味吗?"诗人看了看朋友,表示自己不知道何故。

朋友告诉他说:"夜晚开花,并无人注意,它开花,不是为了取悦别人,而只是为了取悦自己!"诗人听后感到很惊讶:"取悦自己?"朋友笑道:"凡是选择在白天开花的植物,都是为了引人注目,得到他人的赞赏。而夜来香恰恰相反,它在没人欣赏时开放自己、芳香自己,它这样做只是为了让自己快乐。一个人,难道还不如一株夜来香吗?"

朋友看了一眼诗人,接着说:"有不少人,总是让别人掌握着自己快乐的钥匙,自己所做的一切,都是在做给别人看,让别人来赞赏,好像不这样做自己就快乐不起来。实际上,在不少时候,我们做事的目的应该为自己。"诗人笑着说:"我懂了。一个人,不是活给别人看的,应该为自己好好活着,度过自己有意义的人生。"

朋友点了点头,又说:"一个人,只有取悦自己,才能把握好自己;只有取悦自己,才能有效地提升自己;只有取悦自己,才能使自己好的一面感染到别人。要知道,夜来香夜晚开放,可是会有不少人是闻着它扑鼻的芳香入睡的啊。"

我们每个人只有取悦自己,才能将美好的感觉传递给他人;只有取悦自己,才能将自己提升至一个应有的高度;只有取悦自己,才能更好地肯定自己。在实实在在的社会生活和工作中,取悦自己就是一种凝固剂,能让乐观自信的心态长久地保持下去,从而使我们勇敢坦然地面对未来要走的路。

曾经有这样一则调查,某公司的所有男士要对公司里的所有女士进行评议，并指出最吸引自己的女士名字，结果表明，凡是被点到名字的女士们，要么有良好的气质，要么善解人意，要么富有生活情趣，要么个性不凡。实际上，她们以自己的优势取悦他人之前，自身一定是被自己取悦着的，通常，这些人将来建立起来的家庭也都是幸福而快乐的。

在实际生活中，总有一些事情显得纷纷扰扰，往往在有些时候，我们需要做出唯一的选择，因为不同的选择会产生不同的结果。每到这个时候，我们也常常会陷入两难之中，而在无法折中的情况下，我们往往最终会选择取悦自己。

是选择取悦别人，还是取悦自己，作为旁观者而言，是无法和当局者感同身受的，只有当局者才能体会到其中的痛苦和艰辛，在看尽其他人取悦别人后的倦态和乏味后，就会注重自己的内心，最终成全自己，和自己相爱的人踏踏实实度过一生。

其实，对于我们每个人而言，内心的一种愿景是——"海浪轻逐，春暖花开"，在这美丽的"画卷"之上，有恬淡自然，也有惬意芳香。如果我们先站在不可调和的事物面前，再去观照自己的内心，便会猛然明白自己接下来的选择——取悦自己要比取悦他人更为智慧。

吴淡如曾经说过这样一句话："每个人心中都有一首歌，即便没有掌声，我们也能歌唱，也能取悦自己。"实际生活中，在面对林林总总的大小事务时，真正能做到不去刻意谋求利益，不在乎物质的多少，真正听从自己内心的人又有多少呢？

所以说，我们要活出自己，用自己认为快乐的生活方式，将生活打造得无比斑斓，不管是当下还是未来，每分每秒都要记得为自己而活着，无须取悦他人，因为任何东西都无法替代"取悦自己"带来的那种快乐和幸福。

命运在自己的手里，不在别人的嘴里

给自己一个坚实的承诺，这比任何东西都重要，因为这就意味着给了自己一颗奋斗不止的雄心，它能给我们每个人带来不少期盼，同时还会激励我们向前。

一天，大家得知一则消息——北京饭店要公开招人。其中，有个年轻人名叫段云松，他得到了一个宝贵的面试机会，后来他成为饭店的一名行李员。

一次，香港首富李嘉诚下榻北京饭店，段云松负责给他提行李。为李嘉诚的入住，饭店特意举行了欢迎仪式，在众多人簇拥之下，李嘉诚的步伐越走越快，而段云松同时拎着两个重箱子，气喘吁吁，最后将箱子送到了李嘉诚的房间，随从人员随手递给了段云松几元钱作为小费。

实际上，段云松作为行李员，为上流人士拎包，他不仅没有自卑感，而且还有自豪感，但更多的是受到了激励。他心想："我进北京饭店就是想看看，到底是什么样身份的人才能住如此高级的饭店，为何他们可以，我就不可以呢？"李嘉诚等成功人士的气质和风度，将段云松深深吸引住了，他从此也经常告诉自己说："我一定要成功！"

没过多久，饭店住进了一个旅行团，段云松和一个同事一起为其搬运行李，两人都累坏了。后来，两个人跑到了饭店的楼顶去聊天，望着人山人海的王府井大街，段云松突然说道："将来，这里会有我的一辆车，会有我的一套房。"他的同事听后，竟然嘲笑了段云松一番。

没过多久，段云松毅然辞掉了饭店的这份工作，四处寻找商业机会。很快，段云松在长安街民族饭店对面承包了一家小饭馆，一年时间过去了，他净赚了十万多元。

紧接着，他又包下了一个场地搞餐饮，在院内找了个合适的位置养了几只大鹅，又设法找来了篱笆、牛缰绳、辘轳、风车、风箱等物，另外，还找人专门砌了口柴火灶。忆苦思甜大杂院开张营业没多久，来这里吃饭的人便络绎不绝。段云松每天的营业额就超过了一万元，三年时间过后，他净赚了一千多万元。

过了一段时间，段云松开始厌烦餐厅里喧闹、嘈杂为主色调的日子，心想："除了这些，我还能做什么呢？"

到了1994年末，段云松竟然又开起了茶馆，最初的时候，生意很冷清，但段云松告诉自己说："不用怕，迟早会挺过去的！"后来段云松终于等到了茶艺市场的启动，那一年是1997年。

接下来，段云松马不停蹄地又建起了第一家茶艺表演培训班，代培茶艺小姐，批发茶叶茶具，为开茶艺店者提供各种各样的服务，与此同时，还筹建了北京第一所茶艺学校……

有一次，段云松诙谐地说，一天，他去北京饭店办事，令他万万没有想到的是，前来为他提行李的人，竟然是十年前嘲笑他的那位同事。

其实，每个人身上都蕴藏着天赋，它会像金子一般为自己平淡的生活平添几分美丽，而那些总觉得自己一无是处的人却永远看不到自己的闪光点。无论所处的环境是怎样的，我们都要试着给自己一个承诺，然后为了它努力奋斗，迟早有一天，命运会向你绽露微笑的脸庞，从此你的生活也会发生翻天覆地的变化。

要学会给自己承诺，就要让他人感受到自己的独特，就要阻止任何烦恼的事来骚扰自己的内心；就要时时刻刻看到事情光明的一面；就要乐观积极地为自己尽力去争取；就要用自己的坚强挑战生命中的每一个艰难时刻；就要不怨不怒、无所畏惧地迈开前行的步伐；就要以宽广的胸怀主动去拥抱未来的成功。

当年，李宗盛未能如愿考入音乐学院，他并没有因此而气馁，而是重重地跺了一下脚，将自己的右手慢慢地举起来，大声地向自己承诺说："音乐，以后我就干这一行了！"

就是这样一个给自己的承诺，如同一颗鲜嫩的种子播在了他的心中。十年时间过去了，李宗盛成为一名响当当的人物——"实力派"词曲作家和唱片制作人。

现在的李宗盛并未停下追逐音乐的脚步。他和同样热爱音乐的罗大佑、周华健、张震岳成立了"纵贯线"组合，又掀起了音乐的阵阵浪潮。曾经有媒体采访他，问及其中的缘故时，他笑着说："因为热爱，以前说过要干这一行，我怎能食言呢？"

在现实生活和工作中，我们每个人都应给自己一个承诺，它可以时刻鞭策我们成长，时刻激励我们前行，只要辛勤地给它阳光、空气和水，将来会有一天，这颗梦想的种子会生根、发芽、开花、结果！总之，给自己一个有力的承诺吧，这比什么都重要！

/ 找到自己该走的路，全世界都会为你让路 /

在很多时候，我们总是习惯于去重复别人走过的老路，对自己决定要走的路总是会轻易放弃，结果，自己的人生失去了很多的光彩。显然，这样的人早已失去了自我，却又浑然不觉。而有些人，他们始终相信自己，坚定地走自己的路，就终会让世界找到自己，于是，他们在认定了自己要走的路之后，会坚持不懈地走下去，最终为自己的人生迎来漂亮的彩虹。

有一些人喜欢抄近路，一旦感觉一条路走不通的时候，就会立即换另外的一条路，当发现又走得不是很顺畅的时候，又要换另外的一条路，就这样，换来换去，始终未能做好一件事，还白白地浪费了自己一生的时间。反之，则不然。

1842 年 3 月，爱默生在百老汇的社会图书馆里做了一次演讲，激励了当时年轻的诗人惠特曼："谁说我们美国没有自己的诗篇呢？我们的诗人文豪就在这儿呢！……"

就这样，爱默生一番振奋人心的话，让惠特曼深受激动，使他内心升腾起非常坚定的信念，他要到不同的领域、不同的阶层去体验生活，从而创造出新的不凡的诗篇。

1854 年，惠特曼的《草叶集》终于问世了，该诗集的基调是"热情奔放"，采取新颖的形式，将民主思想和对种族、民族及社会压迫的强烈抗议深刻地表达了出来，甚至还影响到了美国和欧洲诗歌的发展。

爱默生在看到《草叶集》出版以后，也是激动不已，称这些诗是"属于美国的诗"，"是奇妙的"、"有着无法形容的魔力"，"有可怕的眼睛和水牛的精神"，并且还高度评价了惠特曼。

但是，《草叶集》在当时却不被大众所接受，这是由于该诗集的写法是新颖的，格式不押韵，思想内容也是新颖的。然而，在爱默生的赞扬下，此书还是很畅销，因此，惠特曼自己的信心和勇气也因此增强了许多。到了 1855 年年末，他重印了第二版，并且，还将 20 首新诗也补充了进去。

1860 年，惠特曼决定印行《草叶集》的第三版，就在他决定将新作补充进去的时候，爱默生竭力劝阻他将其中几首刻画"性"的诗歌取消，如若不然，此书将不会畅销。但是，惠特曼却对此并不认同："那么，删后还会是这么好的书吗？"爱默生立即反驳他说："我没说'还'是本好书，我说删了就是本好书！"

然而，惠特曼始终不肯做出让步，他坚定地说道："我想，我的意念是不服从任何的束缚，而是要坚定地走自己的路。我是不会删改《草叶集》的，那么，就任由它自己枯萎或繁荣吧！"

不久后，惠特曼印行的第三版《草叶集》竟然非常畅销，也由此获得了很大成功。很快，这本诗集就传遍了世界各地。

这正如爱默生后来说的一句话："偏见常常扼杀很有希望的幼苗。看来，只要看准了，就要充满自信，敢于坚持走自己的路。"

是啊，如果惠特曼当初没有坚持自己的信念，也许第三版的《草叶集》就不会获得成功。总之，现代社会中的我们，一定也要有惠特曼的那种坚定信念，相信自己，只要看准了脚下的路，就一定要坚定地走下去，不要回头，不要退缩。

也许有人不知道，美国著名电台广播员莎莉·拉菲尔在她30年职业生涯中，曾经被辞退的次数竟然高达18次，但是，她每次都放眼最高处，将自己的目标变得更远大，仍然坚持走自己选择的路。

在最开始的时候，美国大部分的无线电台总觉得女性无法很好地吸引听众，所以，没有一家电台肯给她这个机会。后来，她好不容易在纽约的一家电台谋求到了一份差事，但是很快就被辞退了，理由很简单，说她跟不上时代。

而此时的莎莉，并没有因为这些厄运而丧失信心，每次失败以后，她都会总结一下其中得来的教训，后来，她又向美国国家广播公司电台推销她的清谈节目构想。电台勉强答应了雇用她，但是，却只允许她主持政治类节目。"我对政治所知不多，恐怕很难成功。"她也一度犹豫，然而，最终她决定尝试一下。

其实，此时的她对主持广播早已经是轻车熟路了，所以，她便凭借自己的优势和平易近人的作风，大谈即将到来的7月4日国庆节对她而言有什么意义，并且，还专门请听众通过电话的形式来畅谈各自的感受。节目开播后，听众们立即对这个节目产生了兴趣，并且，她也因此而成名。

现在的莎莉·拉菲尔已经成为自办电视节目的主持人，还曾经两度获得重要的主持人奖项。她也曾不无感慨地说："我曾经被人辞退过18次，很多人以为我会被这些厄运吓退，做不成我想做的事情，但是，正好相反，我却将它们当成了用来督促我前进的鞭策力。"

可以说，莎莉·拉菲尔是一个始终都相信自己，坚持走自己的路的人，她并没有因为之前曾被辞退 18 次而对自己产生怀疑，恰好相反，她的勇气和信心因此都被激发了出来，后来，在经历过多次的失败以后，她获得了机会，并且把握住了机会，最终成了著名的节目主持人。

其实，我们每个人要选择一条路并不难，难就难在我们会在开始放弃，或者在中途放弃，总之，走自己的路不是一件容易的事情，这需要我们有毅力，需要我们有勇气，需要我们去坚持。如果我们离成功的终点仅有咫尺之远时，但我们却放弃了，那我们最终也是失败的。所以，只要认定了某一条路，就不要停下自己的脚步，而是要一步一步一直走下去。

当然，在坚定地走自己的路的同时，一定要相信自己，并且，还要经得住打击，耐得住寂寞，不管遇到什么样的困境，都要坚持住，不放弃。总之，要想绚烂自己的人生，就必须有坚持不懈的韧劲和决心，除此之外，还要相信自己的选择是正确的，坚定地走自己的路，也实属人生的另一番好境界。

/ 你若坚持，终将美好 /

赖斯可以说是一个名副其实的"草根"，她全然凭借着自身的努力成了美国的国务卿。

赖斯弹钢琴弹得很好，在她 16 岁那年，被父亲送进了丹佛大学音乐学院学习钢琴，当时她也曾经梦想着有一天自己能成为一名职业钢琴家。

后来，在著名的阿斯本音乐节上，赖斯遭受到不小的打击。"那些年仅 11 岁的孩子，竟然只看一眼乐谱就能演奏那些我要练一年才能弹好的曲子，也许，我不会拥有在卡内基大厅演奏的那一日了。"

在受到"重创"之后，赖斯开始重新设计自己的未来，值得庆幸的是，她找到了自己的新目标——全身心投入国际政治。最终，经过一番努力奋斗后，赖斯成为美国历史上第一位女性非裔美国国务卿。

如果拿"国务卿"一职和"钢琴家"相比较，从价值度来讲，两者无绝对的可比性。若从赖斯的角度而言，两者中，哪个更有可能性，判断起来则不是很难。说到底，哪个更有助于赖斯获得成功，就意味着哪个位置更适合她。

只有找准了自己合适的位置，才能让自己这颗金子发光发热，但是在事情没有到来之前，任谁也无法预知哪个位置是"专门"为自己而留的。也就是说，找到那个真正属于自己的位置，并没有我们想象中的那样简单。

有一天，汤姆森所在高中学校的校长找到了他的妈妈："我认为，你的儿子可能不适合读书，因为他不具备深层次的理解能力，甚至还赶不上比他年龄小不少的孩子们。"汤姆森的妈妈听完校长的话，很难过也很无奈，不得不把儿子领回了家。

一次，汤姆森的妈妈领着儿子上街购物，当他们路过一家正在装修的超市时，汤姆森看到有个人正在超市门前雕刻一件艺术品，这一下子就激起了他的兴趣，于是他凑上前去，在旁边仔细地看着。

从那一天开始，汤姆森的妈妈就注意到，儿子只要看到什么材料，包括木头、石头等，就必然会先琢磨一番，然后再认真地打磨和塑造它，直到雕刻到自己满意为止。对此，妈妈也显得很焦急，因为她很担心儿子这样玩物丧志而耽误了学业。

令汤姆森的妈妈失望的是，儿子最终还是不爱学习，当然也就没能考入大学。此时，在妈妈眼里，汤姆森彻底地失败了，但是，在难过的同时，汤姆森还是决定远走他乡去追求自己想要的一番事业。

很多年过去了，汤姆森通过自己艰辛的努力，终于成为一位著名的雕刻大师，此时，他的妈妈也终于明白了："我的儿子也很聪明，只是当年我没有认识到，有一个位置是'专门'为他而留的。"

汤姆森的亲身经历说明了这样一个道理：现实中有太多的成功，都源自找准了适合自己发展的位置，而在不少的失败案例中，不是当事者努力不够，而是他们从来没有考虑过"究竟是否适合自己"等一系列的问题。

我们每个人都受到过类似的教育和训导：只要坚持努力的方向，最终就会成功。然而，往往结果却是将失败收入了囊中。其实，汗水也洒过了，辛勤也付出了，努力也坚持了，殊不知，导致最终失败的结果，其根源在于我们选错了方向，也找错了位置。

有人曾经说过："一个人应该知道自己希望做什么，应该做什么，必须做什么。"在漫漫人生之路上，只有相信有一个位置是"专门"为自己而留，才能找到它。也只有找到它，才能确立自己的发展方向。总之，要知道自己的特色在哪里，自己应该坚持什么，什么样的环境更适合自己成长。否则，若始终未找到合适的位置，那么成功也就只能成为一种奢求。

幸福要靠自己争取，而不是他人给予

我们每个人都想成就一番自己的事业，要实现这一目标，就需要先懂得"凡事应靠自己"这一道理。应该说，在人的一生中，自己才是最大的依靠，只有成为一个名副其实、真正掌握自己命运的舵手，自己的未来才会有希望和成功。

在《聪明的笨蛋》一书中，讲到了作者从小是不被老师看重的孩子，就连他长大之后，还曾经两次被公司领导辞退过，令他甚感困惑的是，为何他如此努力，却仍旧一事无成。

他也曾经为此否定过自己，在内心做过激烈的挣扎，并且在那个时候，他甚至还被别人称为"笨蛋"。然而，他内心深处始终有一个声音在呐喊——靠自己坚持下去。正是凭借这样的信念，面对失败，他一次次顽强地撑过去了，其间确实遇见了几位不错的老师，另外在妻子的鼓励下，他最终如愿取得了心理学博士学位。

在他 54 岁那年，他终于理解了"学习障碍"这个名词，还知道了他之所以受了如此多苦难的缘故，后来他还以自身艰难的经历给予了身边很多人帮助。

该书作者的经历告诉我们：只要自己抱有十足的信心和顽强的毅力，困难终究会被战胜。他也正是凭借自己的这种精神将各种障碍克服掉，当然这不是别人所能给予的，因为靠谁都不如靠自己。

当你和世界不一样

泰戈尔曾经说过："顺境也好，逆境也好，人生就是一场面对种种困难无尽无休的斗争，一场敌众我寡的战斗。只有笑到最后的，才是真正的胜利者。"可以说，在信念的驱使下，在拼搏精神的引领下，就没有跨越不过去的山，迈不过去的坎儿。当然需要摒弃世俗的观念和他人抛出的嘲笑，在征服掉一个又一个困难后，再蓦然回首，你就会为自己获得的成功而流下幸福的泪水。

"琼斯乳猪香肠"是美国人人皆知的一种美食，它的发明者叫琼斯。在琼斯发明这种美食的过程中，还有着一个感人至深的故事——琼斯与命运进行抗争。

琼斯之前经营着威斯康星州一家农场，那个时候，他的生活尽管非常贫穷，但他身体强壮，工作认真勤勉，生活得比较幸福。

但是，谁也没有想到的是，一次意外事故改变了琼斯的命运，琼斯瘫痪在床。在很长一段时间里，他整天生活在哀伤的阴影里，每天抱怨老天对他的不公平，他痛苦极了，甚至连他的亲友都觉得他此生彻底完蛋了。

有一天，琼斯的妈妈鼓励儿子说："琼斯，我不愿意听你说生活的糟糕是上天的意愿。你要知道，是你自己掌握着自己的命运。"

在接下来的几天时间里，琼斯都在深刻地反思妈妈说的这句话："是啊！为什么只是埋怨上天，而想不到自己主动去改变命运呢？尽管我没有了双腿，但是我的大脑还健全啊！"

从那日起，琼斯每天信心十足，同时也让家人重新燃起了希望，他决定自己创业。在那段日子里，他每天都会在自己的心中留下积极的想法，而快速过滤掉一些消极的想法。

经过数日思考以后，琼斯终于告诉家人自己的致富构想："实际上，我们的农场完全可以改为种植玉米，用收获的玉米来养猪，然后趁着乳猪肉质鲜嫩时灌成香肠，将它们出售出去，我想销路一定会很好！"

果然，事情就像琼斯所预料到的那样，待家人按他的计划准备好一切后，"琼斯乳猪香肠"真的红遍了美国，成了受大众欢迎的美食，琼斯也因此成了赫赫有名的"香肠大王"，从而彻底改变了自己的命运，从此一家人的生活富足起来。

尽管老天为琼斯关上了一扇门，但同时也为他开启了一扇窗。在我们每个人生活的道路上，一旦前方出现"挡路石"的时候，我们一定要凭借自己的双手，发挥自己解决问题的优势和能力，如果只是期盼别人过来拉自己一把，问题永远得不到真正意义上的解决。

俗话说得好"天无绝人之路"，不管生活以什么样的脸庞面对我们，我们都要始终坚信"人生没有过不去的火焰山"。琼斯之所以最后能让"琼斯乳猪香肠"一炮走红，就是因为他有着一颗坚定的心，自始至终都坚信"冬天过后春天就不会太远"。他未被眼前的绝境所吓倒，而是依靠自己的聪明才智，从绝境中看到了希望，寻找到了致富的曙光。

每个人的生活中不可能都是春天般的好天气，也不可能没有风风雨雨的降临。只要自己有接受风雨的勇气和宽广的胸怀，即便被挫折打倒在了地上，也要坚强地爬起来，重整自己的装束，以乐观的心态挑战自我、挑战命运。相信总有一天，你可以凭借自己的力量收获成功。

向命运挑战，世界才会为你改变

在这个世界上，有些人因家庭不幸、缺失钱财、学业不成而抱怨老天没有赐予自己好命运。在这种情境下，有的人笃信命运是天生注定、无法改变的，所以索性维持现状，不去努力争取；而有的人却坚信命运是靠自己经营出来的，所以就敢于打破现状，主动把握。

如果只是安于现状，不去主动加以改变，就算是换个世界给你，自己依然会是老样子；反之，如果敢于面对命运说"不"字，敢于向命运发起挑战，最终会有朝阳般的希望和未来。

有这样一个孩子，很小的时候就目睹父母不务正业，父亲整天赌博，母亲整天喝酒。父亲一旦赌输了，打完母亲再打儿子；母亲一旦喝醉了，也同样是拿儿子出气。

就这样，这个小孩在父母的拳打脚踢中度过了自己的童年和少年时期，直到他长大后，还时不时地被打得鼻青脸肿、伤痕累累。

在他上高中的时候，他就辍学了，从此过上了小混混的生活。其间，他感到十分无聊，而那些绅士淑女蔑视的眼光更加刺痛他的内心。

于是，他开始扪心自问："难道我一辈子都要过这样的日子吗？那样，我岂不是成了社会的垃圾，甚至会使他人也痛苦不堪。我要不要改变自己呢？"

经过反复追问后，他下定决心要走一条与父母不一样的路。接下来，他开始思考这个问题："自己应该做些什么呢？如果从政，自己只有零的可能性；如果进大公司去发展，自己又没有学历与文凭；如果经商，自己又没有本钱……"

最终，他打算去当演员，因为这个行业不仅不需要学历，而且也不需要资本。但是，他又想到了自己的相貌一般，又没有表演天赋，再加上没有接受过专门的训练，想到此，他顿时自卑起来。然而，既然决心已下，他便愿意吃所有的苦。

接下来，他开始走上了"演员"之路。他来到了好莱坞，找到某剧组，恳求大家："给我一个机会吧，我一定会演好的！"但不幸的是，他都被断然拒绝了。

可是他并未因此失去信心，他开始不断地反省、检讨、学习，同时也在寻找各种机会。后来，他不得不去好莱坞打工，干些粗重的零活儿以维持生计。在两年时间里，他遭受到的拒绝高达1000多次。

在经历过重重打击之后，他依然保持自己要继续努力的决心！他心里默默地想："既然直接做个演员的道路如此艰难，那么我为何不换一种方法尝试一下呢？"于是，他决定试着写剧本，待剧本被导演看中后，再提出想当演员的要求。

又过了一年时间，他终于写出了自己的剧本，他拿着剧本遍访各位导演："这个剧本怎么样？让我当主演吧！"有的导演看后，觉得剧本内容还可以过关，但是，让他当主演觉得未免太荒唐，于是毫不客气地将其拒之门外。

而他依然忘不了给自己打气："不要紧，也许下一次就行，再争取一次……"在他遭到第一千三百多次拒绝的时候，有位导演将他叫到身边，说：

"我不敢断定你是否能演好，但是我被你的精神彻底感动了，我可以给你一个机会。我会将你的剧本改成电视连续剧。这样吧，我计划试拍一集，让你来演主角，看看效果后，我再作决定！"

为了得到这个机会，他已经做了三年多的准备，多么宝贵的机会，他怎能不全力以赴？可以说，苦苦恳求了三年时间，磨炼了三年时间，学习了三年时间。他这一次，是真的遇上了幸运女神——他的第一集电视剧竟然创下了当时全美国的最高收视纪录，他终于成功了！

如今，他早已成为了世界顶尖的电影巨星。这个人不是别人，正是史泰龙。

史泰龙在刚开始的时候，所处的环境很不利于自己，但是他的斗志从未丧失过，意志力也从未消沉过，而是选择了和命运相抗衡，在苦练内功、时机来临之后，他终于等来了试演的机会。他取得的成功也深刻体现了"命运掌握在自己手里"的硬道理。

一位伟人曾经说过："要么你去驾驭生命，要么就是生命驾驭你。你的心态决定谁是坐骑，谁是骑师。"其实与普通人士相比较，那些成功人士可以拥有更多的钱，可以拥有更好的工作，而那些普通人士则需整天劳作方能维持生活的支出。有心理学方面的专家研究发现，两者的根本区别在于成功人士有着"一定要改变自己"的积极心态。

凡是成功者，自始至终的心态则是积极乐观的，他们用积累起来的经验支配和控制自己的人生；而失败者则正好相反，其心态一直是消极悲观的，他们用过去的种种挫折和心存的疑虑支配和控制自己的人生。总之，在命运面前不要退缩、不要气馁，要敢于与命运作斗争，如果不去改变自己，整个世界就算变了样也都无济于事，因为自己决定着自己的命运。

人生难免会遇到困境，而困境从来不会将我们限制住，往往是我们自己限于困境之下。命运也是如此，它从来不会将任何一个人抛弃，往往是我们自己弃它于不顾。通常，一个人会因一个念头而使生命实现改观，会因一件事而改变命运，也许还会因某种因素让自己的人生有了不同。总而言之，在生命旅程中，我们都要学会拯救自己、肯定自己、改变自己，从而勇敢地征服命运。

/ 专心耕耘，收获精彩 /

有一年春天，有位师父将自己的三个弟子叫到跟前，交给他们每个人一片土地和一些种子，对他们叮嘱道："你们三个现在就去种地，如果到了收获的季节，谁的作物长得最不好，谁将会受到一定的惩罚。"

于是，三个弟子均依照师父的吩咐去做了，春天转眼过去了，大弟子的地里长出了玉米苗，二弟子的地里长出了麦苗，而三弟子的地里看上去却什么都没有，大弟子和二弟子心想："老三怎么如此懒惰，最后他一定会受到惩罚的。"

在他们两个人看来，老三一定会输，于是两人就开始三天两头地偷懒，再也不按时浇水施肥了，地里的庄稼也越来越不像样子。

到了秋季，大弟子地里的玉米穗子一点儿也不饱满，二弟子地里的麦子长得也较差，而三弟子却从地下挖出了很多又大色泽又好的番薯。最后，师父对大弟子和二弟子意味深长地说："种地就像修行，不能一心一意就得不到结果，你们两个明白了吗?"

故事虽然简单，但是哲理深刻：属于自己的田地，就需要自己专心地耕耘，否则将一无所获。如果大弟子和二弟子一心一意地耕耘田地，最终一定也会像三弟子一样，收获累累。但是，这两个人却几乎将所有心思花在了看老三的笑话上，同时也不再严格要求自己，最后成为受罚之人。而老三却自始至终、专心致志地耕耘自己的田地，最终得到了师父的认可。

我们来看下面这则小故事：

有一年春天，猴子和乌龟都开始忙碌起来。

猴子想：我相信，有耕耘，必定就有收获。今年我多卖点力气，多种点瓜果，像那些辛勤的农民一样，每天在田里播种、浇水、施肥，收获一定会很丰厚。于是，猴子就种了几亩地的西瓜和桃子，刚开始，猴子每天都去地里看看有无烂根，还时不时地去检查一下。

乌龟刚醒来后，也像猴子那样忙碌起来了。它凭借祖先赛跑冠军的资源优势，顺利地创办了一个"老乌龟赛跑培训中心"，与此同时，还将当年"龟兔赛跑"的老照片作为该训练中心的广告。光是这幅广告，就将很多小动物吸引了过来，后来，动物们也都将自己的孩子送到了乌龟这里接受培训。

与此同时，小蜜蜂们也成群结队地四处飞行，可以说，它们整天都很忙碌，每天都紧张地进出，采集花粉花蜜，匆忙地将香甜的蜂蜜酿制出来。

我们再来看一看小猴子，它打理了几日西瓜和桃子，便开始荒废时间，又恢复了自己贪玩的本性，结果，它种的瓜果最后无一棵成活。

而乌龟也是新鲜地热闹了很短一段时间，见收效很小，于是很快就放弃了。这样一来，培训中心的学员们不仅没有任何进步，还变得慢慢悠悠，家长们看到孩子们这个样子，愤怒地一纸诉状将乌龟告了，就这样，乌龟一下子就倾家荡产了。

到了秋天收获的季节，老农民的田地里瓜果飘香。与此同时，小蜜蜂们也正拍打着轻快的节拍，唱着动听的歌谣，通过它们的努力，成功构建了一座美丽的宫殿，它们在上面飞来飞去，准备度过一个欢乐的假期。

老农民最终收获到了香甜的瓜果，小蜜蜂最后构建了自己的宫殿，之所以有这样好的结果，是因为老农民和小蜜蜂在自己的"田地"里每天都辛勤地耕耘着、付出着。在春季和秋季的交替之间，收获了自己应该收获的，在完善、提升自己的同时，也使自己生命的社会价值得到了真正的体现。

如果你是一个细心人，你就不难发现，凡是成功者都在自己的"田地"里一心一意、辛勤地耕耘着、付出着，这种坚持不懈地努力，一步一步地"劳作"，久而久之就会成为自己获取成功的一种保证。例如，洛克菲勒、比尔·盖茨等成功人士无一不是如此。

所以，千万不要抱怨自己的"田地"多么狭小，也不要觉得自己过于渺小，只要在正确目标的引领下，专心耕作于属于自己的这块"田地"，再狭小的环境里也能脱颖而出，再不宽阔的"田地"里也会硕果累累，进而让自己摆脱平庸，走向成功的辉煌。

/ 选择放弃，会有另一番风景 /

也许在我们生命的历程中，"千万不要放弃"这句话是我们听得最多的一句话。是啊，生活在这个节奏飞快的时代里，大多数人就是凭借这个信念，在岁月的磨砺中，将自己弄得疲惫不堪，甚至不得一刻的休息，其实他们就是为了实现自己的宏伟目标，始终抱持着那份永不放弃的坚定信念。

殊不知，有些东西原本就不属于自己，就算是自己真的拼了命，即使有一天得到了，自己的内心就真的会快乐、真的会开心吗？从某种角度上来讲，"不放弃"并不是教我们抓住一个目标死死地不放手，而是让我们自己激励自己。

有时候，我们明智地放弃了，倒也不失为一种快乐。比如，落叶纷飞，是为了明年的春天更加烂漫；溪水流淌，是为了汇入宽大的海洋；蜡烛选择了燃尽，是为了给人们带去更多的光明，等等。总之，不要觉得永不放弃，我们才会获得最大的快乐，其实不然，不是自己的，千万不可抓得太紧，因为那样我们就会失去自己应有的快乐。

英国著名首相丘吉尔，小时候是个调皮的孩子，他总是四处乱跑，结果有一次，在玩耍的时候，他不小心落了水，那一次他差点被淹死。

然而，令他家里人感到欣慰的是，就在丘吉尔快要丧命之时，一个名叫弗莱明的农民把他救了起来，还将他送回了家，然后，一个人默默地离开了。

丘吉尔的父亲知道这件事情以后，决定要报答这位恩人，由于他家是贵族，家里有很多钱，所以，他亲自驾着马车，来到了弗莱明家里，特意来表示自己的谢意。

那时，弗莱明正在家里收拾东西，看到自家门前停了一辆豪华马车后，十分惊讶。就在此时，丘吉尔的父亲穿着一身笔挺的西装走下了马车，先是向农夫弗莱明鞠躬，然后对他说："您好，我是昨天被您救起的小孩子的父亲，今日特来感谢您。"

就这样，丘吉尔的父亲一边向儿子的救命恩人道谢，一边将丰厚的酬金递给对方。然而，弗莱明却断然拒绝了，他说道："我不能因此接受您的报酬，因为这是每一个有良心、有尊严的人都一定会做的事情，而我的尊严是没有价格的。"

顿时，弗莱明的一番话让丘吉尔的父亲心生敬意，不由得敬佩起这个中年农民来。不久后，弗莱明的儿子回到家，见到小弗莱明，丘吉尔的父亲突然眼睛一亮，问道："这是您的儿子吗?"弗莱明点头说："是的!"

看着小弗莱明，丘吉尔的父亲突然想到了一个好办法。他对弗莱明说："弗莱明先生，您看这样可以吗? 我们之间不如订这样一个协议吧，我带您的儿子走，让他接受最好的教育，以此来表达我对您的谢意，如何呢?"

弗莱明思考了一会儿，最终接受了丘吉尔父亲的建议。就这样，小弗莱明被带到了丘吉尔的家里，接受了最好的教育，青霉素就是他发明的，并且他还因此获得了诺贝尔奖。而他的父亲，老弗莱明，当然也为儿子感到由衷的骄傲和自豪。

实际上，老弗莱明最终给了小弗莱明一次机会，正是因为他放弃了

"接受酬金"，才为儿子赢得了机会，从而将儿子的一生都改变了。因为，在老弗莱明的心里，救人是天经地义的，是自己应该做的，而如果接受了别人的酬金，反而内心会感到很不安。

我们可以这样试想一下，如果当时老弗莱明接受了丘吉尔父亲的酬金，那么，小弗莱明将又是怎样一番情景呢？也许就没有"青霉素"的发明了。总而言之，对于不是自己的财富、地位等，我们要学着去选择放弃，不是自己的，就要迅速放手，这样一来，可能人生就会带给我们另外一番新的风景。

其实，在我们每个人的人生路上，都布满了荆棘，是否能够安然度过去，有时候，就在于我们能否将不属于自己的东西毅然地放弃掉，唯有如此，我们才能有更好的收获，更好的未来，更多的精彩。如果只是为了"蝇头小利"，那只是愚蠢者的行为，我们要做聪明智慧之人，只有这样，我们才能真正凸显自己的人生价值。

乐观地看待一切，自然就能找到快乐

当我们走到十字路口处，看到前面拥挤不堪的时候，我们都知道适当地转个弯。但是，当人生路上不称心、不如意的事情出现的时候，由于许多人并不懂得让自己的心态转个弯，所以只会看到事情阴暗的一面，而看不到其光亮的一面，自然也就失去了很多快乐。

在逆境面前，我们究竟应以怎样的心态来面对呢？如果你抱持伤感而又自卑的心态，那么你的命运就会随着你的消极心态而"失足"；如果你抱持乐观而又自信的心态，那么你的命运就会随着你的积极心态而一百八十度大转弯。总之，只有心态转弯，我们才能寻找到快乐。

杰里担任某饭店的经理一职，他每天的心情都非常好。每当有人问及他的近况时，他总是这样回答："我快乐无比。"

如果他的同事遇到了烦心事，他就会告诉对方应积极地看待事情好的一面，并且，他还将自己的深切体会告诉大家："每天早晨醒来，我做的第一件事就是对自己说，杰里，选择心情好还是选择心情坏，由你自己来决定。于是我每天都会选择心情愉快。如果哪天发生了糟糕的事情，我总是选择'要从中学些东西'，而不在乎得失。其实人生的选择也是如此，由你自己选择怎样去面对挫折和困难。说到底，选择怎样面对人生的人是自己。"

有一次，杰里忘记了关住宅后门，被三个持枪的歹徒闯了进来，当时的情况非常危险，最终失去了理智的歹徒竟然朝他开了枪。

值得庆幸的是，由于发现及时，杰里被送进了急救室。经过18个小时的抢救和几个星期的精心治疗，他出院了，在他的身体里，还留下了少量的弹片。

半年时间过去了，有位大学生见到了杰里，打听他的身体情况，他说："我快乐无比。要不要看一下我的伤疤？"

于是那位大学生看到了杰里身上留下的伤疤，然后问："当时你想了些什么呢？"

杰里回答道："当时，我被子弹击倒在地上，我对自己说有两个选择：一是死，一是生。最终，我选择了生。当医护人员将我推进急救室以后，我从他们的眼神中读出我确实有生命危险，于是我决定有必要采取一些行动。"

大学生接着问道："你采取了什么行动呢？"

杰里回答："当时，有个护士大声问我是否对什么药物过敏时，我立即回答'有的'。当时，病房里所有的医生和护士都等着我后面的话，我深深地吸了一口气，大声吼道：子弹！请你们将我当成活人来医治，而非死人。"

听完杰里的回答后，这位大学生终于明白他最终活下来的原因了。

杰里的故事说明了这样一个道理：让心情转弯即能决定我们生活中的一切，你认为生活是美好的，生活就会以美好的姿态展现给你；你认为生活是黯淡的，生活就会以可憎的眼神看着你。说到底，命运实则为一种选择，如果选择消极地看待发生的一切，一切将会变得黯淡无光，更没有什么快乐可言；如果选择积极地看待眼前的所有事情，一切将会变得具有生机和活力，自然也会很快找到快乐。

如此看来，我们要想找到快乐并非难事，心情稍转一个小小的弯度，有时就会立见成效。不得不说，一念之间，一种心态的选择就会让自己命运的结果截然不同，只要我们多想想生活中灿烂的一面，人生一定会洒满阳光，反之，如果和美好的东西总是"势不两立"，人生一定会落满阴影。

应该说，生活中的快乐不是哪一个人的"专利"，这就需要我们每个人主动去寻找其中的快乐，而操作和经营的熟练度直接决定着我们最终快乐的程度。大家知道，一枚硬币有其正面和反面，人生也一样有其正面和反面，我们都要学会朝向正面，从而拥有光明、自信和快乐，这就需要我们打理好自己的心情。心情好，才会找到快乐；心情不好，有再多的快乐自己也无法感同身受。

凡是肚子里装满牢骚的人，真的不妨让自己的心情转个弯，由自己来主宰乐观，这样一来，心情自然就会淡然、沉静许多，快乐迟早会前来敲开你的心房之门。

其实，不管是喜欢抱怨者，还是爱发牢骚者，其根源在于他们抱持的心态不佳，并且站在了错误的角度去看待每一个问题，若让心情转个弯，重新变换一个新角度，相信就会一下子豁然开朗，快乐起来。

如果选择人生的反面，你的一生注定会被郁郁寡欢所充斥，最终难逃失败的宿命。一旦选择了人生的正面，就一定要充满自信，乐观十足，而不要双眉紧锁，唉声叹气。总之，要想最终取得成功，就要选择转换自己的心情，毫不犹豫地选择人生的正面，让快乐永远被自己掌握和主宰！

第二辑

当你心无杂念
幸福才会回答

幸福是心的感觉，心若向阳，无谓悲伤。清空心里的阴霾，静守己心，岁月静好，浅笑安然。把快乐装进心里，幸福原来那么简单。

/ 原来，幸福并不遥远 /

人生中的最可怜之处在于什么？有人说没有金钱最可怜，有人说没有爱情最可怜，其实，人生中的最可怜之处在于：我们总是对天边的玫瑰园存在幻想，却忘记了欣赏就在我们身边的芳香。

其实，人生的美好，生活的幸福并不在遥远的天边，它就在我们当下的荏苒时光中，在一点一滴、不知不觉溜走的日子里。

有一位乞丐，他在路边坐了30多年。

这一天，一位陌生人经过此处。

乞讨者将自己的破毡帽机械地举起来，喃喃地说："给点儿吧。"

陌生人说："真的很抱歉，我没有任何东西可以给你。"

然后问他："那么你坐在这里究竟是为什么呢？"

乞丐说道："我只拥有一个旧箱子，自从我记事以来，我始终在它上面坐着。"

陌生人问："你曾经打开过箱子吗？"

"没有。"乞丐说，"打开又有何用呢？里面是空的。"

陌生人说道："你不妨打开箱子看一看。"

乞丐这才试着将箱子打开了，但是令乞丐意想不到的事情发生了，原来，箱子里全都是金子。

事实上，那个乞丐在发现这些金子之前，就已经发现了自己真正的财富是快乐与宁静。

现实生活中，往往有些人明明已经拥有了不少物质上的财富，却还在抱怨自己没有欢乐，没有成就感，没有安全感，并且四处地寻找着。殊不知，他们已经拥有了很多种幸福。

从前，有一个国王打算送给一位美丽的女人一件珍奇的礼物，于是，他将一口袋珍珠拿出来，让她挑一颗最大最完美的珍珠。

但是，这个国王定下了一些条件：只允许这个女人从中挑选一颗；而一次只能从口袋里拿出一颗，然后立即决定是否接受这颗珍珠，淘汰后就不能重新在已淘汰的珍珠中挑选。

就这样，这个女人高兴地从口袋中挑选珍珠，不过一次只能从口袋里拿出一颗。但是，当她看到这么多的珍珠以后，就一直想着要找出一颗更大一点和更完美的珍珠，所以，她便将很多颗珍珠都淘汰掉了。

最后，当她往口袋的底部寻找珍珠的时候，她竟然发现珍珠变得越来越小，同时，品质也不好，并且偶尔还会出现鹅卵石，然而，此时的她已经不能回头在曾经放弃了的珍珠里去挑选了。

最终，非常令人遗憾的是，珍珠颗粒变得更小和更没有价值了，自然也有更多的鹅卵石，待这个女人将口袋翻了个底朝天时，她只好空着手带着一脸泪痕离开了。

事实上，在现实生活中，有不少人总是渴望自己快点拥有一栋更大的房子、一份更好的工作、一个更优秀的对象，或者其他什么东西，却总是在不经意间将身边最好的"珍珠"忽略掉了。因为我们在匆忙寻找中变得焦头烂额的时候，可能我们要找的"珍珠"并不在远处，始终就在我们的身边，只是我们不曾认识到这些宝贵的"珍珠"而已。

如今节奏飞快的城市生活很容易让我们迷失自我，所以，我们有时候会明显感觉到身边的一切都是那么陌生，甚至会在生活中不知不觉地迷失了幸福的方向。于是，我们开始不断地寻觅，试图满足自己的心愿，找到自己的幸福。

那么究竟什么是幸福呢？幸福又身处哪里呢？其实，和爱情、荣耀一样，幸福没有一个明确的定义。我们能做的，就是把握每一个快乐的瞬间，把握每一次成功的机遇。如此，便是握住了幸福的羽翼，乘着它飞往心灵的圣殿。

/ 心安是幸福的归处 /

有一天，皇帝一个人在花园里散步，突然，他惊讶地发现了花园中有不少快要枯萎的植物。情况原来是这样的：松树由于不能像葡萄一样结出很多的果实，郁闷致死；葡萄由于自己没日没夜地趴在木架子上，无法挺拔起来，也不能像桃树那样开出鲜美的花朵，生气致死；橡树认为自己永远不会有松树那么高大，所以一下子厌倦了整个世界，轻生而死；牵牛花因为觉得自己不能像紫丁香那样芬芳，所以也整天没有精神。当然，其余的植物也都抬不起头来，而此时，只有小草安心地长在地上。

于是，皇帝问道："小草呀，其他植物全都枯萎了，为何你还这样乐观呢？"小草回答说："皇帝啊，那是因为如果您想拥有它们，您就会吩咐园丁们将它们重新种上，而我懂得您内心所想，您只希望我们做心安的小草就可以了。"

其实，小草之所以能够安心地生长，是因为它们的心中没有过多的欲望，因此，才能真正展现出自己独特的风采，并且还显得生机盎然。

然而，在实际生活中，有不少人不满足于自己的现状，本来自己几乎什么都拥有了，金钱、名利等，却依然会觉得自己并不幸福，并且还时不时地与别人比来比去，总是认为别人得到的东西才是最全、最好的。殊不知，他们抱持的这种不懂得满足的消极心态，就算是让他们路遇幸福，他们也抓不住幸福。

曾经有一家专门的机构通过研究得出这样的结论：幸福其实和一个人的年龄、性别和家庭背景等都没有关系，而是和一个人是否拥有轻松的心情和良好的健康状况息息相关。这家机构还就此总结出了获得幸福的几条主要秘诀：

对安逸不贪图。凡是幸福的人，对于自己所处的生活环境总是感到满足，而那些不懂得幸福的人往往在离开安逸生活以后，才能真正体会到幸福的真正含义。也就是说，如果一个人从来都不要求自己去进行某些改变，自然就十分缺乏生活经验，也就难以理解幸福了。

对生活不抱怨。凡是幸福的人，在困境和挫折面前，从来不会去计较"生活为何对我如此不公平"等类似的问题，而是面对现实情况，自己辛勤地付诸行动，做出相应的努力，从而使问题得以解决。

将一些负面影响降低。一个人要想获得心灵上的幸福，必须经常保持

第二辑　当你心无杂念，幸福才会回答

一种乐观豁达的心态，尽量少接受有关灾难、谋杀等负面消息，以避免自己产生不好的消极情绪。

学会挤时间。凡是幸福的人，几乎感受不到自己始终被时间牵引着，而是自己主动把握时间，挤时间做自己认为最有意义的事情。除此之外，他们对事情的专注度还能使其免疫能力有所提高，因为据调查统计，每半个小时，人的大脑就会花费 **90** 秒的时间去收集外部信息，并对外部环境进行感受。

要心怀感激。凡是幸福的人，都会将自己的目光聚焦于自己开心的事情上，而一些抱怨者们总是盯着自己甚感不满的地方。所以说，一个人只有心怀感激，才会产生幸福感。

为自己制定一个目标。凡是幸福的人，总是忘不了时刻为自己制定合适的目标，当然有短期目标，也有长远目标，可以说，为实现目标和理想而活着，这就是带给幸福者的深刻体验。

切身感受深厚的友情。俗话说"做人一定要广交朋友，因为多一个朋友，就多一条路"，其实，朋友太多不一定会感到幸福，但是，一段深厚的友谊足可以让我们感到幸福。尤其是当我们遇到困境、黯然神伤的时候，此时感受着朋友带给我们的帮助和给予的激励，就是一种幸福。

对工作百分百地努力。只要对工作努力和专注，就能够使人很容易产生愉悦感，因为富有激情的工作劲头能将我们的潜能挖掘出来，还会让我们有充实感和责任感。

为自己增加动力。人的一生，难免会有被某些人或者某些事激怒的时候，我们自然也会有感到恐惧的时候，凡是幸福的人，总是设法从中获取一些动力，从而让自己勇往直前。

让生活和工作井井有条。凡是幸福的人，一定是一个井然有序的人，生活上整整齐齐，工作上井井有条，不管是思想上，还是行动上，路线和思想都很清晰而明朗，这就会促使我们产生乐观轻松的心态，同时也会让我们感到幸福和满足。

总之，我们每个人对幸福的理解都不一样，但是，有一个不可更改的法则，那就是，只要我们的心是知足的、安定的，在哪里都能找到自己的幸福，在任何时候都能发现幸福。那么，我们就赶快行动起来，发现、挖掘属于自己的小幸福吧！

/ 经历苦难，然后春暖花开 /

在这个世界上，我们每个人都向往恬静的生活，殊不知，平顺安然的生活是不存在的。更多的时候，我们的人生就如同春夏秋冬四个季节，有春暖花开的日子，也有枯叶凋零的时刻。我们追寻的幸福也同样如此，它确是存在的，只是常常需要我们经受一些苦难，才能得到它。

因此，有人说，幸福永远站在苦难的肩膀上。只有将眼前的苦难战胜了，我们才能有勇气创造新的生活，从而将幸福握在手里。正如一首歌中所唱的："不经历风雨怎能见彩虹"，如果我们没有经历过挫折和苦难，怎能体会到人生路之艰辛和曲折？如果我们不经历人生的打拼和磨炼，怎能体会到幸福来之不易？所以，当我们人生落寞的时候，当我们遭遇苦难的时候，不要气馁，不要灰心，怀一颗安然的心去等待就好。相信自己终会等来美丽的春天，到那时，展现在我们眼前的，将是脱胎换骨后的自己，以及春光明媚的世界。

志远来自西北山区的一个贫穷农村，专科毕业后为了谋生他来到西安一家大型企业做保安。最初，这个小保安感到很沮丧，因为在很多人心中保安是和一些不好的评价紧密关联的。曾有同学想给他介绍对象，对方女生"啊"地叫了一声，"什么？一个保安？"连要求外来人员出示证件这种例行的工作，他也会碰钉子，"哎呀，你不就是个保安吗，还查什么证件呀！"这些经历让志远感觉自己不被尊重，他一度眼红，很不服气："命运为什么这么不公平？凭什么那些白领们在干净优雅的办公室里办公，而我却要在风里雨里站岗？"

不过，志远很快调整了自己的心态，他下定决心要用5年的时间，缩小自己和这些人的差距。此后，志远利用所有的闲暇时间充实自己，他利用休息时间攻读英语、经济管理、社会心理学等课程。由于什么都是从头学起，志远学得很努力，就算是坐火车回老家时他也拿着书在看。有时，看到周围的队友业余时间在看电视、打篮球，他也心里痒痒的，但一想起别人说的"你不就是个保安吗"他就会咬牙坚持下去。

就这样，"蛰伏"了近四年，志远通过成人高考考上了一所师范学院的经管系，之后，他一边工作，一边学习。通过几年的认真学习和实践锻炼，志远的个人能力得到了提高，并以全班第一的优异成绩毕业。一毕业，他就被一家大型企业录用了，月薪比保安工作翻了好几倍，他已经是一名名副其实的白领了。

四年，不是短暂的时光，但志远却让自己潜下心来，一点点地努力学习，最终取得了梦想中的成就。这个事例告诉我们一个道理：不必去抱怨公平与否，不要心浮气躁，而要接受现实，并及时做一些有价值的事情，在看似波澜不惊的生活中，积累自己的价值，提升自己的能力。那么早晚有一天，生活会为我们展现出温暖的笑脸。

人生何尝不是如此呢？在人生这张空白的纸上，如果添上"苦难"这一笔，反而会斑斓许多。其实，谁的一生都不可能是坦途，如果自始至终都是一帆风顺，那么，人生将会显得无比单调，也正是因为有了苦难的加盟，才会增添许多真实和精彩。

/ 心若向阳，无谓悲伤 /

曾经有这样一篇文章叫作《傻孩子要幸福》，里面的一句话让人感触很深："傻孩子，当你行走的时候，请不要看着影子悲伤，当你向着太阳行走的时候，再落寞的影子也在你的身后。请相信，会幸福。"

我们有时会缺乏一种安全感，在我们感到开心与快乐时，也总会有一点点的惶恐，甚至在可以开怀大笑的时候，却禁不住感伤的泪水流淌下来。也就是说，有时候我们总是没有办法获得单纯的幸福，对于人生中的悲伤和欣喜，在心境坦然的同时，总会有或多或少的不安。

其实，这种感受是源于我们对于幸福的不敢确信，因此当这种感受来临的时候，会产生惶恐，产生不安。倘若我们的内心能有一份自信，相信自己，也相信幸福，那么幸福就真的存在，真的来到了我们的身边。

天堂里，有几个天使围在一起讨论人间刚发生的事情。

有一个樵夫上山砍柴的时候，在山里发现了一个古旧完整的陶土罐，他觉得此罐具有古色古香的特点，于是，就将罐子带回了家，然后抱着试试看的态度敲开了一位艺术家的屋门。看到此罐，艺术家双眼就亮起了光，立即出大价钱将陶土罐买了下来。

然后，这个樵夫就开开心心地回了家，对妻子说："以后，我们再也不用担忧生计的问题了，不过，那个艺术家真是够笨的，买一个破陶土罐，竟然肯花那么多钱！"同一时刻，艺术家也对自己的爱人说道："有了这只陶土罐我真的感到很幸福！那个樵夫真蠢，竟然狠心地将这么好的艺术品卖掉了！"

对于这件事，一些天使认为，樵夫以后不用担心生计的问题，当然是幸福的；而另一些天使认为，艺术家拥有了精神上的享受，当然也是十分幸福的。就在双方吵得十分热闹的时候，走过来一位年长的天使，她缓缓地说道："只要得到自己喜爱的东西，相信这是幸福的，那么就真的是幸福的。其实，人与人幸福的标准都是相似的。"

是啊，尽管在樵夫眼里，艺术家冒着傻气，而在艺术家眼里，樵夫也冒着傻气。但是，两者所理解幸福的出发点是不同的，总之，两个人都相信自己收获了自己所爱的东西，并因此都感受到了幸福。难道还有比这更美好的事吗？

从前有一个女孩，家境富裕，也是父母师长眼中的乖乖女，在她大学毕业前夕，家人就为她在本市的银行找到了一份好工作，既轻松又挣钱多，同班的同学都很羡慕她，然而她却有着自己的毕业烦恼。

当你和世界不一样

原来，这个女孩从大学三年级起就和同校的一个男孩谈恋爱，在毕业之际，当然他们要考虑"毕业要不要说分手"的问题，尽管两个人的感情很好，但女孩的父母认为这个男孩能力一般，家境不好，所以就十分反对两个人继续恋爱。但是，这个女孩经过一番深思以后，还是放不下自己的爱情，就这样，她毅然和男孩一起去了外市。

三年时间过去了，后来在一次同学聚会上，尽管这个女孩有事没能出席，但是，却成了同学们的话题。凡是与这个女孩有联系的同学都说，两个人结婚以后，由于工作都不理想，所以两个人的生活拮据。

后来，又过了三年，同学们又聚在了一起，这个女孩和丈夫一起出席，让同学们吃惊的是，两个人神采奕奕，随后同学们得知两个人早已注册了自己的公司，日子也越过越好。并且，这个女孩不无感慨地说："不管是穷日子还是富日子，我对当初的选择一点也不后悔，因为我一直都相信，我们在一起，一定会幸福。"

如此看来，一个人感到幸福不是因为得到得多与少，关键在于拥有一颗相信幸福的心，一旦我们相信自己得到了想要的东西，那一定就是幸福的。当然，这种信念完全可以将很多东西统统改变，它可以让我们由消极变积极，从幻想到实际行动，从懒散变勤奋。总之，幸福源于我们相信它是幸福的，我们每个人都应该大胆地去爱自己所爱，这样我们才会更幸福。

/ 小幸福，源自心里 /

在现实中，我们每个人都期望自己能够每天拥有着自己的小幸福，当然，幸福有源自于工作的，有源自于家庭的，有源自于好友的，有源自于合作伙伴的，等等。尤其是在这个世界上，男人和女人在组成一个家庭以后，就更希望自己能够每天拥有一份具有浪漫情怀的幸福与渗透着甜蜜的快乐。

举几个简单的例子，一家人去市区远郊或者市外旅游，或者一家人吃完晚饭后去公园散步，其实对于男人而言，他们不经意间的一句小小夸奖，或者采来路边的野花戴在爱人的头上这一小小的动作，妻子和孩子都会为之而开心和快乐；有时候，男人可以在清晨起来亲自为自己的爱人下厨煎几个荷包蛋，妻子也会为之感到自己比世上任何一个女人都幸福；有时候，男人表达爱情送上一枝简单而又漂亮的玫瑰花就足矣，因为这不仅能让女人的感性获得满足，还能让女人内心感到非常幸福。

再比如，有时候，男人尽管因自己经济能力有限不能让自己的孩子到所谓的贵族小学、贵族中学去就读，但是完全可以利用自己的空闲时间陪孩子去书店阅读，这样一来，孩子不仅能够获得身心上的安全感和幸福感，而且还能从书中汲取很多的课外知识；有时候，男人可以与妻子一起下厨，共同为孩子煮饭、做菜，这当然也是生活中的一种幸福。

我们每个人都可以刻意制造出一点点快乐、一点点幸福。比如，一个女人不一定长得非常漂亮，但是，只要拥有温柔的表情，甜甜的笑容，自己的家里就会如同阳光般温暖；一个男人不一定有多么辉煌的事业，但是他有健康的身体，有风趣幽默的性格，有对家庭负责任的态度，那么他在妻子眼里就是一种幸福。

总而言之，想收获幸福和快乐，只需靠自己美丽的心灵。只要我们能做到对生活知足、感恩，那么幸福就会不期而至了。

获得幸福的方法看似简单，但获得幸福的过程却并不容易。幸福不是从天上凭空掉下来的馅饼，它是靠自己亲手去勾勒和创造的。这需要我们深信自己有这个能力，首先自己要有一个确切的理想和目标，其次是每天通过自己的辛勤努力朝着那个目标前进。与此同时，无论是我们的说话方式，还是我们的做事原则，也都会逐渐向好的方向转变，进而就能使我们直达成功之彼岸。

如果我们有一天到了七十古来稀的年龄，我们再回头想想自己的人生经历，也许会发现，我们在某一个阶段，由于有着类似"白日梦"的想法，却最终成为现实，实际上这就是我们制定的目标存在的实际价值，同时也真正体现了幸福完全可以由自己创造和勾勒出来。

其实，我们每个人活在这个世界上一天，就意味着是有福气的，并且，我们要对每一份来之不易的幸福倍加珍惜。因为，在我们抱怨生活没有给予我们物质、金钱和名望的时候，我们应从那些生下来就没有脚的人的身上，体悟到什么叫知足，什么叫幸福。

既如此，那么我们就从现在做起，以更加宽容的心胸去感受我们生活的过往吧。时刻要记住，幸福就存在于我们生活的点滴之中，只要我们凭借自己的力量，主动去勾勒它的模样，那么幸福将会被我们牢牢珍藏，伴随我们一生的时光。

幸福不是禁锢，更不是占有

　　为了追逐幸福，我们常常会去追逐证明幸福的东西：财富、情感等各种有形或者无形的收获。当得到了，我们便如守财奴一般牢牢将其攥紧，生怕一不留神，让到手的东西白白溜走。

　　可是结果却往往和我们希望的相去甚远。我们原本希冀攥得越紧，抓得越牢，越不容易失去。可事实往往是，攥得越紧，流失得越快，直到手中空空如也。

　　有一个女孩，在她将要出嫁的时候，她问了母亲一个问题："妈妈，婚后我该怎样把握爱情呢？该如何去把握婚后的幸福呢？"

　　母亲听后，回答女儿说："你看，我捧起地上这捧沙子，你看会怎样？"

　　于是，这个女孩发现那捧沙子圆圆满满地被捧在母亲的手里，只有一点点的流失和撒落。

　　但是，此时，她的母亲却突然用力地将双手握紧，沙子顿时撒落到了地上。当她的母亲再张开双手的时候，手里的沙子已经所剩无几了。

　　望着母亲手中的沙子，这个女孩突然明白了什么，使劲地点点头。

　　通过这个故事，我们可以感受到，如果想收获幸福，我们没有必要刻意去把握，因为很多东西越是想抓牢，反而抓不牢，并且还容易将自己迷失掉。

幸福，从来都不是私自地占有和对所拥有东西的禁锢。以感情为例，如果我们只是想着要去占有对方，那么两个人的感情就会顿时生硬起来，毫无生机。一旦你被爱情之火燃烧得昏了头，试图控制对方，将其视为私人物品的时候，即便是神仙也会被压得无法喘息。一旦你放开了自己的那双手，不再偏执下去，并且以尊重对方为前提，此时便会很容易地获得对方的信任和热爱，如此一来，你得到的会更多更多。

同样，作为父母，在面对孩子的时候，如果总把孩子当作三岁的顽童，喜欢用自己的想法去左右孩子的思维和行为，而不管自己的孩子对此感不感兴趣，那么孩子或许表面上听从父母的安排，但内心里却早已种下了不自立的种子。事实上，孩子是一个独立的人，他们有自己的思维，也有自己的情绪。所以说，让孩子在自己喜欢的空间里去生活，让他们自由选择自己喜欢的事物等，这才是父母对孩子最深切的爱的表达。

我们都知道这样的道理，当小鸟出现在主人面前的时候，主人若总是喜欢将小鸟禁锢在笼子里，每天喂小鸟吃的，逗小鸟开心，那么小鸟就会失去独立生存的能力，也将失去独自闯荡世界的勇气和魄力。真正爱小鸟的人，是不会禁锢它的，而是给它自由，将它放飞。

诸如此类的生活哲学，随时随地都可能成为对我们的考验。我们只有认识到，幸福不是靠禁锢和占有得来的，而是靠不断地创造，适度地放手而获得的，那么我们就会充分领略到最为安心的安全感和幸福感。这时候的我们，才算是活出了完整的自己，活出了成熟的人生，我们的世界才会一片春光明媚，生机盎然。

/ 分享一院菊，收获一村香 /

很多时候，我们认为，获得想要的东西是一种幸福，而失去某些东西则会让我们感到不幸福。但实际上并非全然如此，因为有些时候我们若将自己手里美好的东西掰开来，拿一半分享给他人的话，我们会感受到双倍的愉悦和满足。

有一天，禅师外出采回一棵野菊种植在寺院里，三年时间过去了，满院洋溢着一片菊香。

由于花香怡人，所以就引来了山下村民，在获得禅师同意以后，山下村民接连不断来此采挖菊花，没过几日，寺院里一棵野菊也没有剩下。

见状，徒弟们满脸的不高兴，然而，禅师却笑着说："三年以后，便是一村菊香啊。"

禅师的豁达让我们看到了一颗善于分享的灵魂，让我们感受到一种美的存在。其实，我们每个人都要学会把美好的事物与人分享，从而使大家都能从中获得幸福感，这样一来，看着大家都很幸福，自己就会更加幸福。所以说，不要凡事只想着自己一个人，要知道，只有与人分享以后，才能深深体会到这样做的重要性，以及与大家一起分享时的幸福和愉悦。

实际上，施比受更幸福，这是因为这样做意味着我们是有能力帮助别人的，只要我们力所能及，对他人多一份关心和付出，整个世界就会变成另外一副模样，哪怕是我们的一个微笑，哪怕是我们递上的一杯热茶，都会让他人深感温馨和幸福。

现实生活和工作中，我们每个人每天都要和不同的人打交道，当然我们不希望和那种只知道索取，却不肯付出的吝啬鬼交往。但是这样的人还真的不少，或者借了我们一笔小钱就"忘"了还；或者借了我们一本书拿去阅读就"忘"了还；或者去饭店吃饭从来不会主动掏腰包，等等。所以说，做人千万不可太自私，必须为他人着想，从别人的角度去考虑问题，有好东西或者好事情，记得与大家分享才是一件幸福的事。

尤其是在现今时代，与人交往的原则之一便是懂得与人分享。因为只有分享才是维系人际关系的基础和原则，如果不懂得分享，而是只想着占别人的便宜，怎么可以呢？

从前有一位父亲，他为了让儿子学会与人相处，总是在生活的细节中有意识地去启发儿子。

一天清晨，父亲做了两碗荷包蛋面条，其中一碗的鸡蛋露在了外面，而另一碗的鸡蛋放在了碗底，将儿子喊过来吃饭，问道："你吃哪一碗？"

儿子回答说："有鸡蛋的那一碗！"

父亲说："哎呀！让爸爸吃这碗有鸡蛋的吧！你看看孔融那么小就知道让出自己的梨了，你都10岁了，应该学习孔融呀！"

儿子却不想退让，说道："不让不让，就是不让！"说话间，就端起了那碗有鸡蛋的面条。

结果，儿子却发现父亲的碗里竟然藏着两个鸡蛋，而自己的碗里仅有一个。

这时，儿子怔住了。

　　于是，父亲告诫儿子说："千万要记住，只想占便宜的人，往往占不到便宜！"

　　过了几天，父亲又做了两碗面，也同样都放到了桌上，问道："儿子，你吃哪一碗？"

　　这一次，儿子汲取了上一次的教训，赶紧端起那碗上面没有鸡蛋的面条，说："我要向孔融学习，所以我要吃这一碗！"

　　父亲问道："你真的不后悔吗？"

　　儿子坚决地回答说："爸爸，我决不后悔！"

　　然而，儿子吃到最后，也没看见鸡蛋的影子。倒是父亲的碗里面竟然有两个。

　　于是，父亲语重心长地对儿子说："想占便宜的人，可能也会吃亏！"

　　后来，在第三次的时候，还是同样的两碗面，父亲同样先让儿子做出选择。

　　这一次，儿子十分诚恳地对父亲说："您是大人，您先选！"

　　父亲笑呵呵地端起了那碗有鸡蛋的面，而将无鸡蛋的那碗面推给了儿子。

　　然而，儿子用筷子一挑，竟然看到属于自己的那碗里面也藏着一个鸡蛋！

　　此时，父亲又说："凡是不只想着占别人便宜的人，生活绝对不会让他吃亏的！"

　　故事告诉我们这样一个哲理：其实，在占便宜和吃亏之间，有的时候仅是一念之差，实际上，懂得与人分享并非意味着从对方那里得到好处，而是将占便宜的机会首先拒绝掉，应该说，与人分享不仅是一种人生境界，而且会让我们感觉更加幸福。

　　俗语说得好"吃亏是福"。有时候，虽然我们表面上是吃亏了，但是往往到了最后能让我们获得一种惊喜，在我们"让利于外"的时候，他人也会觉得我们是很值得信任的。也就是说，我们将好处让给了别人，别人在我们需要帮助的时候，自然就不会拒绝。

我们与人分享一份水果，自然就会得到更多不一样口味的水果；我们与人分享一份快乐，自然就会得到更多份快乐；我们与人分享一份欣喜，自然就会得到更多份欣喜，等等。在我们的人生之路上，懂得与人分享，确实是一个无比精彩的过程。所以，我们千万不要再为此而犹豫了，不妨伸出我们热情的手，拿出我们热诚的心，去帮助别人，与人分享吧，那样我们才会更加幸福。

当然，除了分享美好，我们也可以和亲密一些的朋友分享自己的痛苦和不幸。因为如果把痛苦的情绪压在心里，它就会在某一天如火山般爆发出来，到那时可能会一发而不可收。所以说，我们伤心流泪时，也要学会与人分享。这样一来，我们的心灵便会获得安慰，进而平静下来。总之，无论是好的还是坏的事情，也无论是幸福的还是痛苦的感受，我们都尽可能地与人分享吧，这样我们会收获更多的幸福和轻松。

做最好的自己，不要去羡慕他人的幸福

埃及曾经的一位政府高官萨依特在他 34 岁的时候就做了副市长，可谓前程一片灿烂，但是，不幸的是，在他 37 岁的时候，他主管的城市突然发生了一场火灾，因此，他理所当然地被免了职。

萨依特被免职以后，周围的人还依然是知名人士，富翁、高官、董事

长，等等。于是，大家都为他感到惋惜，也总以为，他在将来某一天一定会再回来找他们帮忙。然而，谁也没有料到的是，萨依特竟然回老家过起了自由自在的乡村生活。

可以说，他每天过着平淡的日子，在自家的小菜园种菜、施肥、捉虫等。一得空闲，他就走村串巷，开始收藏起了民间陶器，与此同时，他的生活也十分简朴，他甚至从来不去羡慕别人的富裕生活。

不久以后，他便凭借着自己的知识和才能，在收藏上有了很深的造诣。后来，过了七八年时间，他竟然收集到了不少的民间珍宝。后来，来找他收购陶器的人越来越多，他每卖出一件，有的甚至能超过上千万美元。

有人曾经问过萨依特："你为什么会在这方面获得如此大的成就呢？"萨依特回答说："这是因为我的生活过得十分简单，也从来不会带着盲目去羡慕别人，应该说，是生活中的那份清静，让我可以专心致志地鉴别陶器，从而学到了很多的知识。"

可以说，不盲目地羡慕别人，不仅使萨依特将烦恼摆脱掉了，而且还使他在收藏方面做到了罕见的顶端，正是因为他拥有一颗简单生活的心，才成就了他这位世界级的收藏大师。

当然，在现实生活中，也是如此，如果我们总是一味地去羡慕别人的生活，自己的心里就会惹上很多的混乱和迷茫，甚至还会令自己每时每刻都心神不宁。因为陷入了羡慕别人的怪圈，只会丧失自我。相反，自己的生活就会显得淡然、宁静。也只有不盲目地去羡慕别人，才能找到真实的自我，生活也确实如此，每个人都有自己的小幸福。

毕业于美国加州大学的美国华裔数学家王章程，在他毕业以后，他的不少同学都去了大财团、大公司，仅有他全身心地扎进了加州的私人研究室。

他这一干就是连续十年的时间，在这期间，王章程的经济收入非常微薄，在他30岁的时候，他竟然还买不起房子，此时，他的同学们早已经是月收入几十万、上百万美元。更可怜的是，他连一个女朋友都没有。但是，他从不会因此去羡慕他的那些同学们，因为他只对自己的事业感兴趣。尽管在生活方面与同学们相去甚远，但他本人似乎对此却并不在意。

所以，王章程每天就是默默无闻地工作，如饥似渴地做着自己的研究。后来，在他35岁那一年，他将世界上两项顶尖级数学难题攻克了，从此，成果迭现，后来，美国十几家大学都前来聘请他去任教。

很多年过去以后，他在世界数学界有了"数学之王"的称号。

我们说，幸福是什么呢？一个人怎样才能称得上是幸福的呢？对于这样的问题，答案并非是绝对的，其实，关键在于，我们自己对生活的态度是怎样的，如果我们的态度是积极乐观的，那么我们就是幸福的；如果我们的态度是消极悲观的，那么我们就是不幸福的。在同样的一天，有的人以阳光般的心情去生活和工作，而有的人却以灰色的心情去面对生活和工作，两种拥有不同心情的人塑造一天的样子，当然就是不一样的。

比如，有的人喜欢睡懒觉，早晨上班之前总是匆匆忙忙，手忙脚乱的，最后勉强到了公司，还一直处于半醒半寐的状态，他们的一天看上去是疲惫的，没有精神的，自然也就没有了工作上的出色；而那些有着早睡早起良好习惯的人则不同，早晨不慌不忙地洗漱完毕，到了办公室以后，精神饱满地开始一天的工作，可以说，他们的工作效率往往很高，自然在表现上也就更为出色了。

如此看来，想让生活色彩变得耀眼，全然取决于我们自己的态度和习惯。如果整天认为自己的生活如同一团乱麻，这样的人，其实是自己给自己制造麻烦，自己折磨自己，就算是一切顺利在其看来也不是幸福的。反之，不管面临什么样的事情，在什么样的情境下，只要我们以积极的心态，积极地去行动，自然就会产生积极的效果，即便是有困难也是一种幸福。

包维尔从小就对摄影十分感兴趣，在他大学毕业后，他对此甚至到了一种痴迷的地步，所以他也无心去工作挣钱。

就这样，包维尔过着这种自己喜欢的简单生活，他也从不拿自己的贫穷与别人的富有相比较，只是认为自己的钱够花即可。可以说，他每天穿着廉价的裤子，吃着普通的汉堡包，也许在有些人看来，他是困苦贫穷的象征，而包维尔本人却不这样想，因为他内心非常快乐。

在他27岁的时候，他的人物摄影技术可谓是登峰造极，他也成了世界公认的人物摄影大师，并为英国首相拍摄人物照，从此，便一发而不可收。至今，他已经为全世界一百多位总统、首相拍过人像摄影。请他摄影的世界名流更是数不胜数，排队等候一两年是常有的事情。就这样，包维尔最后成了真正的世界顶尖级摄影大师。

包维尔正是因为有着一颗极其平和的心，从来不和他人相比较，才会快乐地生活在自己自由的天地里，外界也从来不会干扰到他，正因为这样，他才最终获得了成就，幸福着自己的幸福。

冬天临近了，远方的母亲提醒我们要多加衣服，此刻我们是幸福的；早晨开车去上班，爱人提醒我们要注意路上的安全，此刻我们是幸福的；我们生病了，家人围在身边给予照顾，此刻我们是幸福的，等等。这些都是幸福的影子，可以说，我们每个人都有着不同瞬间的幸福，所以说，我们大可不必去羡慕他人，因为幸福有时候就在我们的身边，只是我们没有发觉而已。

其实，能真正体悟幸福的人才会懂得幸福的真正含义，我们每个人都有属于自己的那份幸福，而幸福有时候是金钱都没有办法换取来的。但是，要想拥有自己的幸福，只能靠我们自己去发现幸福、把握幸福和创造幸福。

虽然我们身边的人或者事有时候会时不时地来访，其实，最令我们感到不安的实际上是我们自己，而非他人。总之，在人生之路上，我们要紧紧抓住自己的幸福，不要让它轻易地溜走，因为只有紧紧地抓住它们，它们才不会很快消逝。有时候，当我们对幸福往事进行回忆的时候，殊不知，我们在当下的这一刻就是十分幸福的。

/ 念念不忘痛苦，又怎么幸福 /

从前，有一个富翁，天生就很吝啬，尽管每天他都过着富足的生活，而且还有一大群人供他使唤，但是，他总是无法快乐起来，总觉得自己的生活中有很多缺憾。

一天，他专程去了一个寺庙，请教那里的禅师："我有这么多钱，不缺吃，不缺喝，每个人都对我低声下气的，那我为何每天不快乐呢？"

禅师请他站在窗子前面，问他看到了什么？

富翁说："我看到的是街上来来往往的人。"

禅师又让富翁照了照镜子，再问他看到了什么？

富翁疑惑地说："我看到了我自己。"

禅师说："窗子和镜子都是用玻璃做的，透过窗子可以看到他人，而镜子因为涂抹了一层水银，因此你只能看见你。当你学着将镜子上的水银擦掉，可以看到别人的时候，你离快乐就真的不远了。"

如此看来，要想让自己真正快乐起来，实际上也非常简单，因为快乐全由我们自己来掌控，说到底，我们的心灵就犹如一个灵活的遥控器，我们想让它指向哪里，就可以将其调整到哪里。

这也好比我们每个人都在自己的田地里每天不停地播种，关键就在于，我们要播撒什么样的种子，如果我们播撒的是忧伤，那么收获的将是痛苦；如果我们播撒的是快乐，那么收获的将是幸福。

从前，有一头老驴不小心掉到了一口人们废弃很久的井里，这口井深不见底，老驴不可能从井里爬上来的。主人看它如今太老了，也不想再去救它，心想："就让老驴在井里自生自灭吧。"

刚刚掉入井中的时候，这头老驴已无奈地放弃了求生的希望，因为自己不光是落到了这般田地，还总有很多人将垃圾也倒进这口井里。

按照常理讲，老驴在这个时候应该非常生气，应该每天抱怨不救自己的主人，自己倒霉掉到了井里，看来是要死在这个阴暗的地方了，更何况旁边还有那么多脏臭的垃圾呢。

然而，有一天，这头老驴却改变了自己的态度，它每天都把垃圾踩到自己的脚下，凭借垃圾里的残羹冷炙来维持生命，而不是消极地任由垃圾淹没自己。

最终，这头老驴终于靠着这些垃圾堆积起来的高度回到了地面上。

罗兰曾经这样说过："我们每个人之所以会觉得快乐，是因为心灵上没有任何负担，从一开始就在心灵的田地里，播下了快乐的种子。"不管我们所面临的现实有多么地不尽如人意，我们也要让自己拥有一份平和积极的心态，在心灵的田地里，先要播下快乐的种子，只有这样，我们才能将压力转化为动力，最终站在成功的舞台之上。

当然，一个人拥有轻快的心情，源自于我们做好自己身边的事情，也源自于我们对明天寄予的希望。当我们因为学习成绩、赛跑成绩、工作业绩，等等，内心感到欣慰时，或者在生活中有所期待时，我们的心中自然就会生出一种轻快，一种乐于向前奔驰的轻快。

实际上，当我们处于一种对物质不断追逐的状态时，我们就很不容易得到满足，如果我们珍惜当下手里所拥有的，就会感到开心和快乐；如果我们总是企盼那些还没有到手的，我们难免就会心生烦恼。

其实，一个人真正的快乐不在于拥有财富的多少，不在于获得的多少，而在于放下贪欲的多少，在于追求一种简单质朴的生活，只有这样才能获得一种宁静的快乐。

事实上，生活中，我们有太多的人对人和事总是哀哀怨怨：月薪没有增加、职位没有升迁，等等，每天心事重重、一副愁眉苦脸的样子，甚至将其积聚成为自己的大痛苦，记挂于心，且始终念念不忘。如果抱有这样不知足的心态，又怎能让自己快乐地面对生活呢？

其实，人的一生非常短暂，说到底就是几十年而已，所以我们每个人都要看到自己生活和工作中丰收的一面，与其整天满腹抱怨，还不如将快乐纳入囊中归自己所有。要知道，在心田里播撒快乐的种子之后，它一定能够长出幸福的果实。所以说，我们要学会平静地接受现实中的一切，不管是快乐的，还是悲伤的，不管是好的，还是坏的，都要抱有一种坦然积极的心态，只有这样，才会将自己的不快乐迅速驱走，取而代之的将是阳光而非黑暗。

爱总是与幸福相伴相生

从前有这样一个年轻人，他早早地将自己的生命结束了。上帝怜惜地问他："我问你，难道你一点儿都不留恋生活吗？"年轻人慢悠悠地回答："在我 3 岁那年，就失去了亲生母亲，10 岁那年，辍学在家，后来被继母赶出了家门，20 岁那年，我开始学做生意，却遭人算计血本无归，并且，与我恋爱的女孩也移情别恋。这些不幸的遭遇还能让我活下去吗？""那你就真的没有什么遗憾吗？""我有遗憾，因为我始终都想看看幸福是什么样子！""那么这样吧，我就再给你三天的时间。"

就这样，年轻人接受了上帝的安排，重新来到了人间，开始寻找幸福。

第一天，他的灵魂跟上了一个富翁。他心想："富翁拥有这么多的钱财，一定幸福得不得了。"然而，富翁却每天都不快乐，相反，整天都提心吊胆的。并且，在富翁心底深处始终有个诅咒的声音：他们"尊敬"的其实是我的财产而已，我必须严加提防他们，因为他们一旦获得机会，就会原形毕露……于是，这位年轻人看到，这个富翁尽管有花不尽的钱，却活得非常疲惫，因为在他的世界里并没有真正的爱，欲望和罪恶始终在里面充斥着。

第二天，他的灵魂跟上了一个乞丐。乞丐沿街乞讨，好不容易有人给他半块面包。乞丐便开心地跑回到自己用来睡觉的破窑洞里。这个破窑洞里竟然还有不少其他不同年龄的乞丐，大家平分了那半块面包，尽管每一个乞丐仅仅分到了一点点，但是，整个窑洞里都洋溢着快乐的气氛。于是，这位年轻人看到，乞丐的"无"只在说缺乏一定的物质，而他们的精神世界却很富有，因为他们凭借着爱来使自己快乐。

第三天，他的灵魂来到了一块墓地，看到新坟前围着一大群人，走近一看，原来是自己的坟墓，而正在四周悼念的人竟是他生前的同学、伙伴以及生前女友，尤其是他的父亲和继母伤心欲绝。于是，这位年轻人的心震颤了：竟然有这么多人深深地爱着我，为何生前我感觉不到呢？

很快，这位年轻人回到了上帝面前，说："幸福其实就是我自己。我悲观愁闷，并且还强加给别人这种坏情绪。我渴望得到别人的关爱，可我自己从来不用心爱别人，我不幸福，是因为我套牢了自己。"

是啊，爱和幸福总是相伴相生的，只有有了爱，我们才能获得幸福，我们才会更加热爱生活，幸福的获得离不开爱的施舍。当我们给予他人帮助的时候，我们会感到幸福；当我们在被人爱着的时候，我们会感到幸福；当我们爱着家人的时候，我们会感到幸福。总之，我们应当有爱，只有这样，我们才能真正领略到幸福的真谛。

张希在某个城市的学校担任高中老师。有一天，她接到了大学同学会的邀请。在一家高档酒楼里，她看到了王倩，这是她的同学。

可以说，王倩这个女孩称得上是传奇人物，因为她在大学毕业后不久，就开了自己的饭店，连锁店如今已经遍布十几个城市。随后，女同学们都围住王倩，表达自己的羡慕，王倩却叹息道："你们以为我就生活得很好吗？其实不是的，我在大学时有个很要好的男朋友，原本我们很合适，应该走到一起的，可是当时我一心想要打拼事业，忽略了他的感受。所以他和我分了手。虽然如今的我是个大老板，但是，我却一直单身，因为我一直未找到更好的男人，当然大学时候的男友也早就结婚了。每天晚上我回到家，看到空荡荡的屋子，就会想起他。你们说，我幸福吗？"

听完这番话，张希没有说话，她突然感觉到，自己整天忙着备课讲课也很幸福，因为最起码她有个圆满的家，并且还有对自己呵护有加的老公。

其实，我们不能只是羡慕别人拥有的生活，尽管王倩事业如日中天，但是，她也有自己的隐痛，而像张希这样的普通人，内心却拥有着难得的安乐和满足，因为在她看来，家庭安稳，老公出色，这比锦衣玉食的生活更为幸福。不得不说，我们在人生之路上，背离自己的目标还不是最可怕的，最可怕的是远离了自己深爱着的一切。

我们每个人都应当有爱，因为只有爱才能照亮黑暗，在人生的路途上，这也是一种力量，一种坚定的力量，一种恒久的力量。

我们每个人都应当有爱，因为有爱的人才可爱，如果以一颗快乐的心去帮助别人，用自己的快乐感染身边的人，将自己的笑声带给大家，就会使大家从烦恼和忧愁中走出来。这样的我们不管走到哪里，都会受到大家的欢迎，我们心中的爱也会给自己的人格魅力增分不少。

我们每个人都应当有爱，因为无论是爱事业还是爱家人，无论是爱荣誉还是爱国家，无论是爱人类还是爱大自然，我们完全可以从自己的爱里享受着光荣和骄傲，享受那种诗意与美好，享受风和日丽和恬静。

　　我们每个人都应当有爱，因为爱别人比爱自己更重要，不管那些人我们是否认识，我们都能从中学到很多智慧。也只有甜美的微笑，明朗的面容，才能让这个世界如沐春风吹入每个人的心中，从而使大家都能享受到这份幸福，这样一来，我们才会更加幸福。

　　爱是甜蜜，爱是温馨，爱是涓涓的溪水，爱是美丽的彩虹，如果一个人没有爱，就成了木头人，成了机械人，整天麻麻木木地生活，就如同每天喝到的是苦酒一样，人群如同沙漠，白天如同黑夜，那么，生活没有了爱，我们就没有了任何期待，更没有幸福可言。只有有爱的人，才能更好地生活，才会对生活无比珍惜和热爱；只有有爱的人，才会更懂得创造和收获；只有有爱的人，才会有好运和幸福相伴终生！

第三辑

当你随心而行
人生定会迎来万里晴空

我们应该用快乐拥抱生活，止息生命中的
苦恼忧悲，让心保持欢愉，一切随心而行，生
命自会万里晴空。

读懂内心的渴望，人生不留遗憾

现实生活中，不少人摸爬滚打了许久，却始终找不到前进的方向，陷入了迷茫和彷徨中，整个人就像一艘失去了航向、四处乱闯的船，甚至还会做出"半途而废"的举动。有人将这一系列的表现称之为年轻气盛、心浮气躁，但这并非问题的根本。一个人之所以迷茫，无法长期坚守一个目标，是因为没有真正地读懂自己，不知道自己的内心真正想要什么。

心灵之声，是人生的导航。每个人都应该从"心"出发，问问什么才是自己真正想要的，读懂了内心的渴望，才能够知道明天的方向在哪里，下一步该如何迈出；读懂了内心的渴望，才能够在生活中最大限度地实现自身价值，让人生少一些遗憾和懊悔。

在很久以前，有三个马上就要投胎的生灵，天使对他们说："我会借给你们每人一笔巨款，但是，在60年时间里，你们必须还请。"就这样，三个生灵一同来到了人间，都各自携带着那笔巨款。

第一个人觉得人最重要的是享受人生，于是，他在自己生命的前一半时间里，简直是挥霍无度；在生命的后一半时间里，他每天辛苦地工作，在他60岁将要死去的时候，依然未能将天使的钱还清。

第二个人从进入社会的那一天起，就开始努力地赚钱，待其60岁时，他赚的钱早就超过了该还的数额，而他却仍然坚持工作，直到自己的生命结束。

第三个人在自己生命的前 20 年时间里，努力地提高、完善自己，然后，又用了 30 年时间拼命工作，最终将那笔款额还清了。在最后的 10 年时间里，他拿起摄影机开始周游世界，最终成为一名人人皆知的老年摄影家。

三个人用了同样的时间，在同样的处境下，却向世人展现出三种不同的人生。谁活得最有价值，最无憾，最令人欣赏，答案不言而喻。

在实际生活中，有的人拼死拼活地在社会中四处淘金；有的人飞蛾扑火般地匆匆寻觅自己的另一半；有的人心神疲惫地穿梭在工作的行列……可当夜深人静、孑然一身的时候，他们不免都会想到这样一个问题——我到底为什么而活着？

在节奏飞快的现代社会里，有太多的人忧伤、迷茫、彷徨地活在这个世界上，每天都戴着自己的那张面具疲惫地穿行于生活和工作两点之间。只有当内心反复地误打误撞，在接受过多次沉淀之后，才能够发现真正的答案。

有人说："我想要金钱，享受丰裕的物质生活！"

有人说："我想要爱情，人生有爱才完整！"

有人说："我想要成功，让自己活出最大的价值！"

有人说："我不求财源不断，不求高官厚禄，不求高朋满座，我只要快乐。"

其实，无论我们选择怎样活着，只要知道自己的内心最想要什么就好！有了方向，才不会迷茫。当然，想要始终保持清醒和奋斗的状态，还要根据自己目前所处的实际情况，制订出一个较为明确、切实可行的计划，从而较为清晰地规划自己的一生。如果只是急于享受眼前的利益，或者漫无目的地行进，结果就会像上面故事中的第一个人那样，在生命火焰燃尽的那一刻，还没有还清债务。

记得在一本杂志上，曾登载过这样一个故事：

这位主人公曾经是美国休斯敦太空总署的太空梭实验室里的工作人员，一有空闲时间，他就会去休斯敦大学主修电脑。可以说，他的工作非常忙，即便如此，只要能挤出一点点时间，他就创作音乐，因为这是他的爱好。

他不擅长填写歌词，再后来，他认识了善写歌词的凡内芮，从此，两个人开始共同创作。

当时，这两个人对美国唱片市场很陌生，因为他们一点渠道都没有。一天，年仅 19 岁的凡内芮突然问对方："你计划五年之后做什么？"

见对方愣了一下，凡内芮说："这样说吧，五年之后你希望你的生活是什么样的状况呢？当然了，也别急着回答，你先仔细想想，等真正想好以后再告诉我。"

深思过后，他回答道："首先，我希望能出一张受欢迎且受人肯定的唱片；其次，我要住在一个有很多音乐的地方，与一些音乐界名人一起工作，我将会很开心。"

凡内芮又说："你确定了吗？"他坚定地回答："是的！"

凡内芮接着说："既然如此，我们就不妨将该目标倒算回来。假设第五年，你有一张唱片在市场上。那么第四年，你应该与某唱片公司签约。那么第三年，你应该有了一个完整的作品，可以拿给很多很多的唱片公司听，是不是？那么第二年，你应该陆陆续续地录音了。那么第一年，你应该将所有要准备录音的作品全部编曲，同时准备其他相关事宜。那么第六

当你和世界不一样

个月，你应该修改好那些没有完成的作品，完成'逐一筛选'这项工作。那么第一个月，你应该完成目前这几首曲子。那么第一周，你应该将清单全部列出，并整理出那些需要修改的曲子。"

最后，凡内芮补充道："你希望五年之后与音乐界名人一起工作，这一点，你确定吗？假如你的这一愿望实现了，那么第四年，你是否已经拥有了一个属于自己的工作室或者录音室呢？那么第三年，你是否已经和音乐界的人打交道了呢？那么第二年，你是住在哪里呢？德州、纽约还是洛杉矶？"

第二年，他毅然地辞了职，从休斯敦搬到了洛杉矶。大概到了第6年也就是1983年的时候，他的唱片开始畅销于整个世界，差不多每一天，他都和一些音乐界名人一起忙碌着。

实际上，这位主人公很清楚自己内心真正想要的是在音乐圈打拼，争取五年以后能够有所作为。于是，在接下来的日子里，他便为这一理想艰辛地付出，辛勤地努力，最终成就了自己的美丽梦想，构筑了属于自己的漂亮天地。相反，如果他不了解自己的内心，也许会一直在那向往的边缘处徘徊。

如此看来，了解自己的真实想法完全可以将一个人推向成功的巅峰。所以，当我们在生活或者工作中感到困惑的时候，不妨从"心"起步，若连自己都糊里糊涂、不知所向，那么老天又怎能为我们敞开阳关大道呢？

总而言之，我们应读懂内心的渴望，而后听从内心深处的召唤，不退缩，不回避，勇往直前，大步向前，这才是真正活出了属于自己的风采。如此，我们便有理由相信，在追求成功的路上，有了心灵的导航，我们会更快地看到世界的模样，那时，世界也便找到了我们。

聆听内心真实的声音

　　望着眼前这熙熙攘攘的人群、喧嚣的街道，试问自己：我有没有在那么一个时刻，悄悄地戴上耳机，静静地聆听我们内心深处的声音？

　　除了每天窗外响起的嘈杂声以外，世上最美的声音恐怕莫过于这心底的声音，也只有在那里，我们才能找到最真实的自己，进而在生活或工作中更好地诠释自己。

　　有这样一个女孩，大学期间，由于外表漂亮，同时被同校的两个男孩所追求。实际上，两个男孩对女孩都非常体贴、关心，但两者的根本区别在于，一个家境较好，而另一个则家境平平。

　　正当女孩犹豫的时候，同学们纷纷建议她选择家境较优者，给出的理由是：现实生活没有想象中的那么简单，是需要钱来支撑的。于是，女孩就顺从同学们的建议答应和家境较优者交往。

　　家境平平的男孩在遭到女孩拒绝后，非常痛苦，几乎每晚都借酒消愁，喝完酒之后，就跑到女生宿舍楼下大喊女孩的名字，女孩每听到男孩的叫声，心里就很不是滋味。事实上，在感情的天平上，她内心深处还是更倾向于这个男生的。

　　一天，女孩下楼去见他，但是，对方已经不见踪影。就这样，女孩设法走进了男生宿舍，见他已睡下，刚要离开时，他的舍友们冲着女孩说：

"你呀你，把他害惨了。他每天那么辛苦地卖报纸、书刊，为的就是挣钱给你买零食吃。"

女孩一言不发，离开了男生宿舍，一边走，一边想，最后拨通了妈妈的电话。妈妈得知事情的原委后，对女儿说道："请听一听你自己心的声音，它会告诉你答案。"

最终，女孩满怀勇气地和家境较好的男孩分了手，开始和另一个男孩谈起了恋爱。

故事看起来简单，蕴含的哲理却很深奥：女孩正是由于聆听了自己内心深处的声音，才重新做出了选择。

如今的时代充满着时尚的元素，有些女孩为了在面试时表现更好，让别人感觉自己是完美的，不惜花重金偷偷去美容院修整自己的脸庞。更不值得提倡的是，有无数的年轻母亲为了让"心肝宝贝"成为未来的栋梁之材，无情地"扼杀"了孩子们的周六日。孩子们也只好像蜗牛一样，整天背着重重的"壳"穿梭于补课的队伍，这些妈妈们在对孩子严加斥责、进行"完美"教育的同时，究竟有没有聆听自己孩子内心深处的声音呢？

而在现代职场中，有不少年轻人在求职之前，分辨不清自己的位置在哪里，所以就会显得很盲目。其实，根本弄不清自己真正想要的，不善于聆听内心深处的那个声音，又如何诠释真实的自我，又谈何成功呢？

李林毕业于计算机专业，在完成大学学业后，去了北京一家计算机公司工作。四个月过后，他觉得自己从事的这份工作过于简单，于是主动辞了职，又去了一家开发软件的公司。按道理讲，这下李林应静下心来，好好大展一下宏图了，可是糟糕的事情又发生了，由于他的工作内容与其学到的专业知识联系不够紧密，所以他根本无法胜任这项工作，没多久便被老板"炒了鱿鱼"。

后来，李林经过长时间的求职，终于找到了一家较适合自己的公司。但是，他的心并未真正地静下来，在和同事们一起工作的过程中，他总是对这样或者那样的事情感到不满。最后，他还是选择离开了，而这一次他给出的理由更为简单：工作单调、身心疲惫、公司沉闷。

工作如此，生活更是如此，每个人的一生都会自然而然地呈现出很多忧郁的色彩，关键在于，我们有没有静下心来，聆听内心在说什么，要知道，只有听懂了自己，才能像雄鹰一样飞翔得更高、更远。如若不然，自己只会毫无目的地在各个方向乱跌乱撞，最后失去了那份真实。

不管我们最终取得了成功，还是遭受了失败，这一路走来，多听听心灵之音，工作和生活都将是一片湛蓝天空，在自我得到真实诠释的同时，心灵自然也会更加清凉、更加通透。

在现实生活和工作中，有太多的人每天匆匆忙忙，好似忽略了心灵声音的存在，殊不知，它每天都在关注着我们，每天都在呼唤着我们，要记住，在那里有一个本真的"自我"。

最后，让我们安谧地闭上双眼，去倾听心底的那一番细吟，如果细细品味，你便会深深地感受到，真实的自我来源于这颗原始而又纯真的心。可以说，每天我们都要面对很多的人，我们真的无须出彩地表演，刻意地伪装，最重要的是，我们要用一颗真实的心将自己诠释出来。这样才是活出了自我，活出了真我。因为聆听内心深处的声音，才是对自我的一种真实告白。

/ 心灵蒙尘，又怎能快乐远行 /

我们每天都要洗脸，每天都要打扫房间，洗脸是为了保持脸部清洁，打扫房间是为了我们的身体健康。其实，我们的心房也需要定期"打扫"一遍。随着岁月的流逝，心房也难免会堆积灰尘，久而久之，人的压抑感、沉闷感就会落上心头。

平日，有的人整天看起来黯淡无光，有的人每天看起来朝气蓬勃。也许有人会认为两者的脸部清洁度存在差异，其实不然，是心灵尘埃在从中作怪。前者之所以会以这样的形态呈现，也并非因为其命运不好，根结在于其内心有未扫的"尘埃"；而后者之所以总会给人眼前一亮的感觉，也并非因为其命运天生就好，根结在于其扫除了心灵的"尘埃"。

一个年轻人，背着大包裹不远千里来找无际大师，他说："大师，我目前的状态非常孤独、痛苦和寂寞，再加上路途遥远，我现在感到很累；我的鞋子破了，双脚被划伤；手也受伤了，依然流血不止……请您告诉我，我心中的阳光究竟在哪里呢？"

无际大师问道："你的大包裹里装的是什么？"年轻人说："它盛满了烦恼、痛苦和哭泣……靠着它，我终于走到了这里。"

无际大师并未多言，而是带着年轻人来到河边，与他一共乘船过了河，而后说道："年轻人，现在你把船背上，继续上路吧。"

年轻人惊讶且疑惑地说："大师，我怎么背得动呢？而且，我们现在在陆地上，并不需要它了。"

大师笑言："的确，船是用来过河的，一旦我们过了河，把船放下才能走得更远。而你的那些烦恼、痛苦和哭泣就如同这条船，该放下了，如此你的心灵才能通透。"

年轻人茅塞顿开："大师，我明白了，我背负的不是我需要的能量，而是让心蒙尘的负累，要及时放下，及时为心灵清尘。"

"尘埃"也需要在第一时间里扫掉。应该说，心灵是我们的另一方家园，需要我们精心守护，心灵"尘埃"多打扫一遍，淡然和自在就会多一份。

就像我们所使用的电脑桌面上的"回收站"，需要每天清空里面的垃圾文件，才会使电脑每天都能轻轻松松地运行。同样道理，只有除掉了心灵"尘埃"，我们的心灵才会健康，才会轻松远行。打扫心灵"尘埃"，就是让自己获得更多的自由空间；打扫心灵"尘埃"，就是清空现实生活中的"枯枝败叶"；打扫心灵"尘埃"，就是为了让自己能够快乐远行。想来，就这样"打扫"一辈子，也应是愿意的吧。

现实中有太多的人喜欢抱怨别人，自己整天郁郁寡欢，殊不知，是自己的心灵生病了，纯粹是自己折磨自己。在这个世界上，没有任何一条路是真正平坦的，我们不能对"事事都顺心"过于渴求。要知道，及时和自己的内心聊聊天，并清除心灵上已经布满的"尘埃"，才是活出自我的必由之路，也才是让世界认识我们的途径之一。也唯有如此，我们才会在磨难来临的时候，保持积极乐观的态度，以百分百的热情投入到实际行动中去！

当你和世界不一样

/ 不浮躁的世界，心素如简 /

有一只小鸭子，长有一双翅膀，却总也飞不起来，所以会不时地受到其他鸟类的嘲笑，小鸭子为此感到很苦恼，更让它难过的是，连自己走路都那么别别扭扭。于是，这只小鸭子暗暗下定了决心：好好学习走路。但事与愿违，它非但学不好其他鸟类的走路方式，反而身子更加摇晃不定了。

一天，艳阳高照，天空中忽然传来大雁的叫声，正在地上练习走路的小鸭子顿时停了下来，仰头朝天望去，大雁们那美丽的身姿，使它禁不住赞叹起来："蓝色的天空是多么广阔，眼前的景象是多么壮观，飞翔的大雁是多么美丽！如果有一天，我也像它们一样展翅翱翔于蓝天，那该是一件多么美好的事情呀！"

就这样，小鸭子走着、想着，"扑通"一声却被重重地绊倒在了地上，它低头一看，才发现原来是脚下的石子挡了路。

小鸭子的故事告诉了我们这样一个道理：如果我们每个人只是一个劲儿地盲目跟风，最后的结果往往会惹人捧腹大笑。最为关键的是，如果一个人的心态被好高骛远所影响，就像给自己的人生路设下了一道障碍，这样一来，遭遇失败就在所难免了。所以说，我们要远离浮躁，让自己心素如简，走好自己脚下的路，也只有这样，成功才会向我们微笑着招手。

这容易让每位想起在当今的社会中，有不少"小鸭子"式的大学毕业生，一离开学校，就撒欢儿似的踏上工作岗位，却根本不去想自己的能力和工作是否相"般配"，过了一段时间以后，自己那颗早已按捺不住的心就被浮躁充斥得满满的，要么开始抱怨所在的公司，要么就对优秀的同事心怀忌妒等。甚至会在某一天，突然听说哪位朋友在哪个行业里淘到了金子，就会疯了似的跟过去，最后却把自己搞得哭笑不得。所以，这些人就像一群无头苍蝇一样到处乱飞，纯然到了一种"完全找不着北"的地步。

说到底，他们的内心深处藏着一个无情的"杀手"，它就是浮躁。应该说，因为浮躁的兴风作浪才使他们航行的船失去了确切的航向。在他们的眼里，目标好似总在远处的某一个地方等着自己，才会让自己在当下的工作中总是"不修边幅"，于是，频繁地"跳来跳去"自然也就成了他们的"家常便饭"，短暂的时间段里，工作也是换了一个又一个。

应该说，浮躁是每个人梦想和成功的最大敌人。曾经有人这样说过："浮躁这种情绪具有虚妄性、情绪性、盲动性相交织的特点，属于一种病态心理，它往往会让人失去正确的方向，让梦想成为不了现实。"

小张在大学毕业后，由于总也找不到一份工作，所以，内心就不免焦急起来。特别是当得知其他同学都找到了自己的工作后，这更让他心急如焚。

为了摆脱这种局面，小张只好先找了一份在出版社搬运的简单工作。然而，此时的他依旧不能平静，他总觉得干这个工作太大材小用了，一个堂堂的本科生，怎么做搬运工这种简单的工作呢！所以，他总是在工作期间充满了抱怨，不久，就被出版社辞退了。

没了工作的小张变得更加急躁不安，于是，动不动就和人吵架。有一次，他竟然与他人大打出手，结果赔了3000元才算了事。

一年时间过去了，小张依旧没有找到一份合适的工作。后来，朋友给他介绍了一家公司，可是他却认为这家公司规模太小，实在配不上自己；而要进大公司，小张又不具备相应的能力，他还多次被领导批评，这让小张实在不知道如何是好。

一次，在同学聚会上，小张看见好几个同学已经买了车，这让他的心里更加不平衡：当年，他们比我强不了多少呀，怎么现在都混得比我强！于是，他越想越气，回家后，便计划自己一定要做出一番大事业来。

一天夜里，小张悄悄地潜入了某重工业工厂，盗取了一捆电缆，从中赚取了4000元。有了第一次的甜头，他便频频作案，无所顾忌，最终在15天以后被埋伏许久的警察逮住了。

由于小张盗窃公司财物，被法院判处三年有期徒刑。到了牢狱，小张才流下了后悔的泪水：由于自己的浮躁，不仅让自己失去了自由，而且自己更失去了家人、朋友的信任！

是啊，如果一个人浮躁无比，无法保持心素如简，就很容易失去思想上的冷静，失去心理上的平衡，可以说，此时人的大脑是不会认真思考的，往往是人云亦云。并且，在做任何事情之前，也都不衡量自己的优势和不足，像这样的人，心理上又怎能保持住健康，又怎能轻易获得成功呢？

除此之外，一个人一旦变得浮躁起来，就会很容易动怒，与任何人都无法和睦相处。自己遇到了好事情，便会兴奋不已；自己遇到了坏事情，便会顿时跌入痛苦的陷阱中，同时，自己的心灵也会发生扭曲。

我们作为年青一代，在自己的人生路上，就应该远离可恶的浮躁，既不学习丑小鸭，也不学习小张。要始终保持自己的一颗素心，坚持不懈，一直到底，全身心地投入自己现在从事的工作，也只有这样，我们才能最后摘得成功的果实，才能完善自己的一生。

/ 快乐是由我们自己的心创造出来的 /

有一天，凯特去拜访天生乐观的米拉奇，只见米拉奇乐呵呵地请他坐下，凯特开始向对方提问："假如你一个朋友也没有，你的心情会怎样？"

米拉奇回答："如果是这样，我会高兴地想，我很庆幸没有的是朋友，而非自己。"

"假如你正行走，突然掉进一个泥坑，等你爬出来以后，你的身上满是泥巴，你的心情会怎样？"

"如果是这样，我会高兴地想，我很庆幸不小心掉进了泥坑，而非无底洞。"

"假如你被人突然猛打一顿，你的心情会怎样？"

"如果是这样，我会高兴地想，我很庆幸仅仅是被打了一顿，而非被杀害。"

"假如你在拔牙时，医生因工作疏忽错拔了你的好牙而将你的坏牙留下了，你的心情会怎样？"

"如果是这样，我会高兴地想，我很庆幸他错拔的只是一颗牙，而非我的心脏。"

"假如你睡觉正香时，有人用歌声吵醒了你，你的心情会怎样？"

"如果是这样，我会高兴地想，我很庆幸这里只有一个人吵我，而非一只狼。"

"假如你的妻子背叛了你，你的心情会怎样？"

"如果是这样，我会高兴地想，我很庆幸她只背叛了我一个人，而非整个国家。"

"假如你马上就要失去生命，你的心情会怎样？"

"如果是这样，我会高兴地想，我终于开心地走完了人生之路，我想，我是奔着另一个盛大的宴会去的。"

"如此说来，生活中没有什么事是可以令你痛苦的，生活到处都是快乐。"

米拉奇带着快乐的神情说："对，如果你愿意，你就会在生活中随时发现和找到快乐。痛苦往往是不请自来，关键在于，我们要学会如何去发现和寻找快乐和幸福。"

米拉奇快乐的根源是什么呢？是他的心，这是因为他能够放下"拥有朋友和生命"的欲望，能够很快原谅"妻子和他人"对自己犯下的错误，所以他会时时感到幸福和快乐。其实让心灵获得快乐有很多种方式：在获得成功的时候，我们会快乐；在受到安慰的时候，我们会快乐；在爱充满人间的时候，我们会快乐；甚至有时在流泪的时候，我们也会快乐。

快乐是由我们自己的心创造出来的，这也是他人无法给予的。在生活的道路上，总会有令我们开心的事情，比如升职加薪，自然也会有让人感到痛苦的事情，比如遭受失恋的打击。无论遇到了什么样的事情，我们都要保持快乐的心境，应该说，这种生活状态完全来自于我们生命本身的活动，它是埋在我们内心深处的重要根脉，也是我们发自内心的愉悦和开心的体现。

然而，在充斥着巨大压力的社会中，有不少人的内心失去了快乐，其实大可不必为此伤怀和难过，要勇于让心灵接受快乐之光的照耀，就像米拉奇一样，以一颗无比快乐的心接纳眼前发生的一切。农民曰：我快乐，因为我每天脚踏实地；乞丐曰：我快乐，因为我生活没有任何杂念……总之，真正意义上的快乐是精神和内心的一种行为，而这种行为恰恰让我们的内心获得宁静。相反，如果一个人整天紧锁眉头，那么这种不快乐也会像"瘟疫"一样容易传染到别人。我们的心灵就像一面镜子，你在当下感受到的，完全由你的内心来决定。

有这样一项心理学实验——"伤痕实验"，小组成员均来自于美国某大学，实验者向参与其中的志愿者宣称，该实验的目的是为了观察人们对身体有缺陷的陌生人做何反应，特别是那些面部有缺陷的人。

接下来，志愿者们被实验者单独安排在没有镜子的小房间里，每个人左边的脸上将由好莱坞的专业化妆师做出一道可怕的伤痕。然后，允许志愿者们照一下镜子，看看自己现在的模样。

其中，有一个步骤十分重要，化妆师向志愿者们表示需要在伤痕表面再涂一层粉末，这样做是为了避免志愿者将其误擦掉。事实上，化妆师真正要做的是，将其脸上的伤痕擦掉。但是，志愿者对此却并不知情。

就这样，志愿者们被派往各医院的候诊室，观察他人对自己脸上伤痕的反应是他们此次的中心任务。

当钟表指针指向规定时间的时候，志愿者们都返回到实验室，他们说出的感受是一样的，即人们对他们比以往更加粗鲁无礼、不友好，并且，始终将目光盯向其脸部。

这些志愿者们去医院执行任务的时候，他们脸上的伤痕早已不存在了，那么，究竟是什么影响了其判断呢？当然是其内心。可以说，这样的心态有损健康，理所当然不会让人感到愉悦，假设他们的心态进行一百八十度大转弯，结果自然就会不一样。

一个人心灵上的伤痕是隐藏不住的，它会通过自己的言行淋漓尽致地展现出来。如果种下悲伤、自卑的种子，就会觉得周围的人和自己势不两立；如果种下快乐、自信的种子，就会相信他人，甚至能轻而易举地建立互信互利的人际关系。

其实，我们的心才是快乐之根源，只有靠自己才能最终获得真正的快乐。比如，生产需要经历一个痛苦的分娩过程，但是，女人会以拥有了新生命而快乐；历经过多个春夏秋冬的老人是快乐的，是因为他们经历了太多风雨，懒得再去多想；未经任何世事的小孩儿是快乐的，是因为他们无须多想要走的人生路有多长，有多少困难和挫折。

生活中，我们需要幸福并快乐着，因为快乐是对自我的一种超越，是一种悲天悯人的宽容，是一种源自内心的自信，是一种长大了的成熟。快乐就是协调人际关系的润滑剂，快乐就是挑战自我的一块基石，快乐就是获取健康的一把金钥匙。让快乐的光照亮心灵，不失为一种做人的气魄、气度和智慧。快乐如此温暖、如此智慧，我们的心还在犹豫什么呢？

确实，如今真正快乐的人已经不多了，而实际上快乐对于每个人而言，都是极其公平的，它就静静地站在我们每个人的心里，只是有待于我们去发现和挖掘，所以我们千万不要轻易蒙上快乐的双眼。特别是当我们内心深感压抑、难过的时候，静静地喝杯暖暖的咖啡，或者给亲人打一个长长的电话，这都会让我们备感温暖和幸福。关键还要看自己的内心，如果想着自己是快乐的，那就一定是快乐的；如果觉得自己无法快乐起来，那就一定是忧郁的。所以，要想让自己活出快乐的状态，我们就要认真对待生活中的每一天，带着一颗素简之心面对周遭的一切，这样快乐就会时时围绕着我们，精彩的世界也才能照见我们神采飞扬的身影与灵魂。

/ 生活在天堂还是地狱，全在于自己的选择 /

在一次贸易洽谈会后，一个小伙子和公司的副总裁一起回住处——一家高级酒店的 38 楼。小伙子往下看时，突然感到头晕得很，于是，他就仰头朝天看，此时，副总裁关心地问道："怎么？你是不是有点恐高？"

小伙子说："我确实有一些害怕。我来自农村，小时候上学，必经一座小石桥，每逢下雨天，山洪暴发，一泻而下的洪水就会淹没整个小石桥。每次在经过小石桥中间时，水已经漫过了我的双脚，下面则是咆哮着的湍流。每到此时，我的心就开始慌乱起来。老师总会说，只要手扶着栏杆，把头抬起来看着天往前走，就能顺利地走过去。"

小伙子的一番话倒让这位副总裁想起了什么，他笑着问小伙子："你看我像是想过要寻死的人吗？"小伙子看着他一脸刚毅的神情，不免有些惊讶。

小伙子这才知道，原来，副总裁成功的背后也有一个故事：

副总裁原来是个坐机关的，后来，毅然辞掉了这份工作，去做生意，不知道何故，连续几桩生意都没能赚钱，最要命的是，还欠下了 6 万元的债。

其实，在那个时候，他想到了死，还选择了深山里的悬崖。正当他准备跳崖时，他的耳边突然传来一阵苍劲的山歌声，当他转身望去，顿时，一个采药的老者映入眼帘。

接下来，老者便用一种善意的方式打断了他轻生的想法。就这样，他坐在一片草地上深思了许久，当老者走远时，他再次走到了悬崖边，只见下面是一片黝黑的林涛，此时，他倒抽了一口凉气，仰望蓝天，选择了重生。

最终，他来到了这座城市，从打工仔一点一点做起，通过自己艰辛地努力，走到了今天。

实际上，在每个人的人生历程中，都会像小伙子和这位副总裁一样，遇上险滩和激流。在这样关键的时刻，我们都面临着选择，是选择低头后退还是昂首前进，需要我们自己做出判断和选择。如果一门心思低头看激流而停滞，这样只会打击自己的自信心，自然就会被推至不幸的边缘；如果专心仰望着广阔的天空，这样很快就会燃起生的希望，我们会用自己的双手构筑人生之幸福。

生活中也不乏这样的事例，有的人一旦事业溃败，或者爱情之花凋零，就觉得自己晦气上身，开始慨叹自己是多么地无能为力，多么地不幸，人生是多么地悲惨，并且向老天抛出一大堆的抱怨和指责，殊不知，自己不幸的命运并非老天决定的，而是自己选择的结果。如果明知道事业将要走向谷底，就应该尽早改变经营理念和方式，以最快的速度全力以赴扭转局面；如果明知道自己遇到了不该爱的人或者不值得爱的人，就应该尽早撤离恋爱的舞台。

真正遭遇不幸之后，再去做无谓的抱怨和牺牲，已然无济于事，无论是事业还是爱情，一定要在正确的时间里做出正确的选择。比如，一旦找到事业的漏洞后，要选择及时亡羊补牢才是智慧之举；一旦发现自己找错了爱人后，要选择及时放弃才是明智之举。

不得不说，生活在天堂还是地狱，全在于自己的选择。不管面临什么样的困境，只要智慧地去选择我们想要的，我们应该要的，并且保持一种合理而又乐观的心态，幸福就会被我们牢牢地抓在手里，从而活出自己的精彩。

"二战"以后，由于遭受了当时经济危机的影响，日本失业人数突然增加了很多，各家工厂的经营状况都非常不好。其中，有一家食品公司，也濒临着倒闭，为了起死回生，该公司的负责人决定裁掉1/3的员工，包括司机、清洁工和没有技术的库管。

于是，公司经理开始找这些人谈话，告诉了他们目前公司的困境。

清洁工们回答："经理，其实我们对于公司而言，真的很重要，假如没有了我们，谁来打扫卫生呢？如果没有了清洁优美、健康有序的工作环境，你们又怎能更好地工作呢？"

司机们回答："经理，其实我们对于公司而言，同样很重要，假如没有了我们，公司产品又如何面市呢？"

库管们回答："经理，其实我们对于公司而言，更是不可或缺，战争刚刚过去，有不少人还未脱离饥饿，假如没有了我们，公司产品又怎能保持完好呢？"

听完他们的回答后，公司经理认为他们的话都很有道理，经过再三考虑以后，经理决定不再裁员，但是，他要在公司管理策略上下一番大功夫。

没多久，这位经理便让人在公司的门口悬挂了一块大匾，上面写着："我很重要"。每天，当员工们来公司上班时，第一眼看到的就是这醒目的四个大字——"我很重要"。

就是这么一句简单的话语，将所有员工的积极性都调动了起来，几年后，这家公司迅速崛起，进入了日本有名公司的行列。

故事中的公司经理最终选择留下了所有员工，鼓励员工坚持共同的信念，群策群力，使公司跻身有名公司之列。可以说，"我很重要"字字值千金，在此次选择中又是多么的重要。

曾经有一项心理调查研究表明，只要相信、肯定自己，做出正确的选择，挖掘潜在的力量摸索前进，最终展现给我们的则是美丽天堂而非地狱。有人也曾经说过："决定人生幸福的指数高低，不是别人，而是自己的选择。"不得不说，如果自己选择了坚强，选择了自我超越，我们就会有更多的机会催发人生幸福的萌生。即便是"荆棘"丛生，我们也要选择坚持不懈，一路前行，直到我们收获一箩筐的幸福。

如果仔细观察那些幸福的人，就会发现是他们自己选择了幸福；而那些不幸的人，很轻易就会发现是他们自己选择了不幸。总的来讲，是自己紧紧牵扯着人生幸与不幸的那根命运线。如果你选择了天堂，几经风雨之后，注定会造就一番美丽；如果你选择了地狱，几经颓废之后，注定会酿制一场悲剧。总之，在漫漫前行的路上，我们都要牢记这一句：选择幸与不幸，全在于自己的内心。

/ 幸福不幸福，都在心里 /

富兰克林说过："幸福不在万物之中，它存在于看待万物的自身心态之中。如果你接受幸福的态度不正确，即使置身于幸福的环境中，你也会离幸福越来越遥远。"

人的一生不可能一帆风顺，生活和工作中难免会有霉运降临，每当此时，有人就开始觉得目前的处境有多么糟糕，自己又是多么不幸，在顾影自怜的同时，还会毫不客气地宣泄自己的坏情绪，抱怨和指责周围的亲戚和朋友。还有的人，喜欢"触景生情"，一看到别人开着昂贵的车子，住着豪华的房子，就会悲叹自己的处境是多么可怜，多么不幸。殊不知，境随心转，不管自己实际所处的环境如何，只要自己始终抱有一颗幸福快乐的心，那么自己的快乐便是无人可以超越的。

曾经有这样一则富有哲理性的小故事：

一天，某地方暴发了洪水，洪水紧贴着独木桥流过，桥面上不时地被溅起一层一层的浪花。有好心人在两岸连起一条绳索，将其横悬于独木桥的上方。

接着，有四个人来到了岸边，其中两个人是健康的，另外两个人，一个是盲人，一个是聋哑人。

只见那个聋哑人慢慢地上了桥，摇摇晃晃地到达了彼岸。

其中一个健康人一路引导着盲人，也一步一步地安全过了桥。

最后，只剩下了另外一个健康的人，他深吸了一口气，面对狂涌的河水，踏上了独木桥，然而，令人没有想到的是，他却在桥中央滑落入水。

与聋哑人和盲人相比，那个健康的人无疑是幸福的；可是，当我们换个角度来看这个故事，你会发现这个健康的人却活得最不"幸福"。这一切，都是心态的缘故。

聋哑人用手势将自己的意思表达出来："河水汹涌澎湃的声音，我是听不见的，正因如此，我的顾虑就会少很多，只要保证自己不走偏，我就能平安地走到河的对面。"盲人说："我对水深根本就看不见，在好心大哥的指引下，只要我保证不走错一步路，我就能平安地走过去。"活着的健康人说："我在盲人的前面走着，不仅需要看准脚下的每一步路，而且还要不时地提醒身后的盲人，当时我只有一个念头，只要精力集中，我就能平安地走到终点。"

走独木桥就像走人生之路，充满了太多不可预料的坎坷和挫折，故事中的惨遭落水者之所以失去了宝贵的生命，无法选择继续幸福地生活，是因为他自己的心态失衡，才使得恐惧、疑虑等消极情绪充斥心头。一个人如果拥有积极、美好、勇敢的心态，那么他眼前的一切人或事甚至是可怕的逆境，在他看来也都是可以轻松逾越的；如果固执消极、灰暗、退缩的心态，那么他眼前的一切则都是不美好，没有希望的。

有一位老鞋匠，40多年过去了，他依然在小镇的街口上给人修鞋。

一天，有位年轻人恰巧经过这里，看到老鞋匠正低着头修鞋，问道："老大爷，请问您住在这里吗？"

老鞋匠慢慢将头抬起来，看了年轻人一眼，说道："对，我居住在这里的时间已经40年有余了。"

年轻人接着又问道："请问，您了解这里吗？我马上就要搬到这里来住了，这是一个怎样的城镇？"

老鞋匠反问对方说："你从哪里来，你原来所住的城市如何呢？"

年轻人回答："我们那里的人在我看来都不好，那些人都只会做表面文章，暗地里却是互相利用、钩心斗角，谁对我都不好。另外，在那里生活得很累，需要十分谨慎才能活得很好，这就是我来这里的真正原因。"

老鞋匠看着对方，说道："我们这里的人比你们那里的更坏！"听完老鞋匠的这句话后，年轻人很快就离开了。

过了一会儿，又有一位年轻人来到老鞋匠面前，问了相同的问题："老大爷，请问您住在这里吗？"

老鞋匠看了对方一眼，说道："是的，我在这里已经住了40多年了。"

于是，这位年轻人接着又问："请问，这个城市怎么样呢？"

老鞋匠反问道："你从哪里来？你原来住的地方如何呢？"

年轻人回答："我们那里的每个人都非常好，大家互相关心，每个人都急公好义，无论有何困难，大家都肯帮忙，我实在舍不得离开，若不是由于工作调动，我真不会搬到这里。"

老鞋匠微笑着回答这位年轻人说："你放心，我们这里每一个人都像你所住那个城镇的人一样，每个人心中都有爱，都很乐于帮助他人。"

故事中的老鞋匠向两位年轻人给出的回答是不一样的，就此，我们可得出这样的结论：不管将来身处哪里，第一位年轻人遇见的面孔都缺失温暖和爱；第二位年轻人却截然相反，不管身在何处，在他眼里，大家都有着一副充满温暖和爱的面孔。

幸福真的没有固定的衡量标准。自己幸福不幸福，关键在于自己有着怎样的心态，即对现状中的自己持怎样的看法和想法，但有时若将他人关于幸福的标准强加在自己身上，也是不能正确看待幸福的。不幸的根源全然在于"我"，相信只要"我"一出手，定然"药"到"病"除，那时你眼里的幸福自然也会长成不一样的模样。

总之，如果自己认为是幸福的，那自己就是幸福的；如果自己认为很不幸，那自己就是不幸的。自己的心态完全决定着自己的幸福或不幸福，既然不幸福的根源在于自己的内心，那么就不妨从"我"而起，换个角度理解真正的幸福吧。

/ 时不时给那根紧绷的弦松松绑 /

当今的社会节奏可谓飞快，许多人的压力很大，有的人为了追求更高的生活质量而打拼，有的人为了实现自己的理想而努力，在重压之下的人们，久而久之，就开始变得紧张兮兮，俨然就如神经质。无论工作还是生活，一旦出现一点点的问题，便会焦躁不安，杞人忧天。

这样的人们之所以内心会感到烦躁，是因为他们总是在自己的心上拴一根紧绷的弦，总会忘记去适当地松一松，这样一来，自然也就没有办法控制住自己的心理波动了。

事实上，要想彻底改变紧张的状态，一定要挖掘出导致自己神经质的主要根源在哪里，自己今日是否因某件事情而压力过大，或者自己的心情是不是过于紧张，也只有找到真正的病根，才能有效地对症下药。

在现实生活中，我们每个人都不免会因为身边的一些琐事，而使我们个人的情绪变得紧张或者激动不安，从医学角度来讲，如果我们情绪非常激动，就很容易使体内释放的肾上腺激素进入到我们的血液中。这样一来，不光使心率和呼吸次数增加，还会给胃部造成各种不适，久而久之，这些状况都会危害到我们的身心健康，甚至是生命的安全，所以，这就需要我们认真调控自己的情绪，千万要记得：时不时给那根紧绷的弦松松绑。

其实，如果我们的心情过度紧张，也只会将事情导向最糟糕的地步，并且还会惹出不少的大麻烦。反之，如果我们心静如水，事情一定能够有缓和的余地，甚至开始往好的方向转化。因此，我们每个人不管面对什么样的事情，都要松弛一下自己那根紧绷的弦，时不时地去松一松，只有这样，我们才能通过冷静地思考做出准确的判断，从而使问题得以解决。

那么，如何才能有效地给自己紧张的神经松松绑呢？

无论我们的眼前发生了什么，我们都要经受得住那种冲击力和压力。与此同时，还要有意识地去深呼吸，将自己的呼吸调深、调慢、调匀，并且还要默默计算呼吸的次数，这样一来，我们就会有效地减轻精神上的紧张度。

各种事情，都要提前做好相应的准备。如果我们有一个演讲要做，那么，则应提前准备好要演讲的大纲和内容；如果我们有一个会议要参加，那么，则应提前总结一下自己的想法，以便应对会上发生的讨论；如果我们有一个约会要赴，那么，则应提前将自己打扮好，以免出现尴尬等；如果我们要去应聘一个公司职位，那么，则应提前做好相关的功课，等等。总之，只要我们做足了准备，相信紧张情绪就不会在心头打转了。

让自己回到现实中。我们应做好眼下最要紧的事情，而不是一味地活在回忆中，或者只担忧未来的情况会怎样。比如，领导吩咐你下午必须交稿，那么，我们应将所有的注意力聚集于稿子这件事情上，而不是去担心明天上午开会讨论选题的事情；而在次日讨论选题的同时，我们无须去担忧晚餐吃什么。因此，做好当下的事情是重中之重，而不是一门心思让自己的情绪变得焦躁不安。

凡事一定要往好的方面想。我们在为人做事的同时，要始终保持一种积极向上的心态，想象事情一定会朝着好的方向发展。尽管这些想象的东西不是实际存在的，但是，至少这样可以让我们的心情暂时得到舒缓，消极情绪自然就会被轻松地排除。比如，在选题讨论会上，你可以试想一下，会议气氛是多么地好，自己的感觉又是多么地棒；或者想象自己在会上发表的观点是多么地精辟，观点又是多么地令人认同；或者会上大家都洋溢着笑脸，讨论会在圆满中结束。可以说，这种想象可以让我们的神经松弛下来，不至于因紧张而做不好。

要多抓住一些实践的机会。应该说，我们每个人实践得越多，就会越能应对曾经遇到的相同情形，这样的我们，内心才会越有自信。因为，凡是我们经历过的事情，我们就会明白那是怎么回事，也能够预料未来的情景是怎样的。因此，我们应多抓住一些实践的机会，让自己远离紧张，让心态回归自然和平和。

对他人的一些看法不要太在意。实际上，我们有时候情绪紧张，其根本原因在于自己过于在意他人怎么看我们，我们在他人心中的印象是怎样的。但事实上，他人对我们也许并没有过多的不满和想法。所以，我们每个人都应该在自己的问题和挑战上下大功夫，倾注自己的全部精力，这样才不至于整天紧张兮兮地分析他人的看法等，从而也会独立自己的思想，而不是停留于他人的想法上。

总而言之，我们每个人的人生之路都不是一马平川，而是存在着很多的变数，有如意的事情，自然也会有不如意的事情，所以，我们保持一份平静的心态就显得十分重要，千万不要让拴在神经上的那根弦使我们找不着方向，也只有彻底放松自己的身心，才能更好地完善自我，才能获得让人生变得美好的最佳途径，也只有在这样的状态下，才能真正开启我们的智慧和力量，从而实现我们美丽的理想和目标。

/ 不要为自己附加可怕的忧虑 /

　　当我们一无所有，什么都想得到的时候，我们每天都在企盼着将来能够拥有所有东西；而当我们通过自己的努力获得一切的时候，我们又不免会害怕有一天一切将化为乌有，所以，我们就产生了忧虑情绪。其实，在当今的生活中，存有适当的忧虑是可以的，千万不可整天都陷入了忧虑，总之，别让忧虑的体温过了度。

　　忧虑是一种消极情绪，它有害于我们的身心，它也是一种极大的精神浪费。但是，好像我们每个人天生都很容易忧虑似的。比如，在工作中遭到领导的批评，我们忍不住开始忧虑；当我们看到磅秤上的数字又涨高了，我们禁不住开始忧虑；当我们和爱人发生了矛盾，我们忍不住忧虑……其实，要想解决这些生活和工作中的问题，我们只是忧虑是毫无益处的，关键在于，我们要试着去利用忧虑有利的一方，从而使问题得到解决。也只有这样，我们才不会被忧虑所牵绊，才能真正地活出自我。

　　有一天，山姆路过法庭的时候，看见一堆人正往里挤，他上前一问，才知道这里即将有一场公审。于是，山姆也挤了进去，坐在旁听席后排的一个座位上。

　　被告也与山姆一样，穿着西装，但是没有系领带。接下来，被告被指控杀了人，控方的证据是被告具备作案时间，被告辩解说案发当天下午他始终待在自己的家里。但是，经过一段时间的法庭调查和辩论，被告始终没有拿出证明案发当天下午他在家、不在案发现场的证据，犯罪的嫌疑不能被排除，最终，法官判被告有罪。

这样的审判结果，让山姆大惊失色，他连忙问旁边的一位听众："请问先生叫什么名字？"那个人回答说："我叫弗兰德。"山姆说："我的名字叫山姆，我想，你一定能证明我今天下午一直都待在法庭吧。"弗兰德先生说："实在很抱歉，我只能证明你现在在法庭，但是，我无法证明你跟我说话前是否在法庭。"于是，山姆显得很焦急："整个下午我都跟你坐在一起，你为什么就不能证明我一下午都没有离开过这个座位呢？"刚刚走下审判台的法官看见他们俩在纠缠，便冲这边走过来。山姆说："我确确实实整个下午都在法庭，我一直坐在他的旁边。"法官说："你自己的这番话是毫无用处的，你必须得有证人！有人能证明你今天下午都在法庭吗？"山姆无奈地望着使劲儿摇头的弗兰德。法官说："幸运的是，并没有人指控你！"此时，山姆已出了一身大汗。

走出法庭以后，山姆挤上了回家的公共汽车。冲着车上的售票员问："你这车票能够证明我今天下午5点左右在你们车上吗？"售票员回答说："我们的票只能证明你乘过我们的车，但是却无法证明你在何时乘的车。"山姆小心翼翼地把车票放进内衣口袋。在下车之前，他又问售票员："请问小姐名叫什么？"售票员回答说："我叫玛丽娜。"山姆用手指着自己的额头说："请你记住，我的名字叫山姆，我这儿有个刀疤。"

山姆到了家门口以后，立即就敲响了邻居的门，说："你看见了，我现在进门了，你现在能够证明我已经到了我的家里。"山姆将自己家的门关上以后，倒在沙发上便呼呼地睡着了。醒来的时候，他又敲开邻居的门说："你看到了，我在家里。"邻居说："我只能证明你两次敲我家门的

第三辑　当你随心而行，人生定会迎来万里晴空

时候你在家里，而在其他时间段，我是没有办法证明的。"山姆急得在屋里乱转。于是，他拨通了朋友的电话，说："我打电话给你，是想让你证明我在家，如果有人对我进行指控，你就可以为我证明。"朋友却对他说："从来电显示看，你是在家。但是，我无法证明你不打电话的时间里是否在家，真的很抱歉。"

接下来，山姆便总是去敲邻居的门，不断打电话给自己的朋友。夜深了，他不能再敲邻居的门，不能再打电话给朋友。于是，他躺在床上，想到自己没有办法证明一个人在家睡觉，一想到这里，他就感到十分恐惧。

于是，他去了住在街对面的一个朋友家。他睡在朋友的身边，说："你能证明，我今晚是跟你睡在一起的。"朋友已经睡得很香，而他却怎么也睡不着觉。一想到法官的那番话，他就感到十分害怕，觉得自己以前的生活是多么地危险。因为他一直一个人生活，一直过着无证人的单身生活，他甚至刻意去追求这种孤独的生活。如果有一天有人指控了他，他可能会跟那个被告一样，由于找不到证人而被判有罪。

想到这些，他再也不想重复以前的那种生活了，并在心里暗暗作了一个决定，决定第二天就去找个证人和自己一起生活。

可以说，山姆给自己硬性地附加了可怕的忧虑，因没有证人的生活，而将自己陷入惊恐之中，实际上，如果他能够冷静地思索一下，那只不过是杞人忧天，让忧虑过了度而已。

其实，我们适当地忧虑一下，可以让我们在人生之路上重新努力奋进的，但是，一旦超过了那个限度，就成了不必要的忧虑和担心了。因为，世界上的任何一件事情，都不是通过忧虑就能解决的。一旦我们产生了忧虑的情绪，就需要我们采取相应的措施。

我们要学会对内心的忧虑进行及时的辨识和认知，再让思考将其取而代之，因为忧虑是在我们思考的过程中产生的思想障碍，而思考原本就意味着我们已将目光聚焦于要解决的问题上了。只有积极的思考力和优秀的解决方案，才能让我们从忧虑中走出来，进而让我们产生愉悦感。

具体来讲，当我们的工作计划遇到阻碍的时候，我们需要立即去做的是，与上司沟通或者从同事那里寻求一定的帮助；当我们发现体重突然飙升的时候，我们需要立即去做的是，咨询一下体重管理专家，从而为自己制订合理的食谱方案，或者为自己制订一个有效的健身计划；当我们就理财的问题遇到了困惑，我们立即要做的是，去找一位专业人士为我们出谋划策……总之，我们只有以积极的心态付诸行动，才能将忧虑彻底解除掉，否则，一切都是枉然。

除此之外，我们可以让自己的大脑改换频段，找一件自己喜欢做的事情来做，并且全身心地专心去做这件事。总而言之，天塌不下来，千万不要让内心的忧虑过了度，发现忧虑的弦紧了，就赶紧松一松。这样才能轻松愉悦地去面对生活，才能迎向世界为我们敞开的怀抱！

第四辑

当你坚持努力
梦想就会如期实现

每一次的弯路都为了能找到正确的方向，
每一次的跌倒，都为了更好地看清脚下的路。
如果你身处逆境，尽管去做，别辜负生命的另
一种可能。

/ 你若不勇敢，谁替你坚强 /

　　人一生中最大的悲哀莫过于在一件事情未做任何尝试之前，就提前说要放弃了。有些事情，从表象上来看，也许很难，甚至不可能实现，但是只要我们大胆探索、大胆尝试，并且辛勤地付出努力，也许它会给我们带来意想不到的成功和喜悦，往往有一些成功者就是凭借自己勇于探索和尝试的精神获得最后的成功的。

　　在实际生活中，其实有很多更为理想的生存方式在我们身边潜伏着，只是我们都习惯于畏畏缩缩，不敢去冒这个险，所以就一直发现不了，说到底，也只有那些勇于探索的人才能发现新的生存方式。其实我们每个人的身上都有着一些旧习惯，而要想迎接崭新的未来，就必须打破那些所谓的旧习惯，勇于探索、勇于尝试、勇于实践，只有这样，才能将我们所有的潜能发挥出来。

　　其实，总会有很多人在现状面前不做任何的奋争和努力，让思想和行动都安于现状，就算是在竞争中也不会有任何的危机感，像这样的人，也只能是碌碌无为地虚度一生。反之，那些勇于探索、勇于尝试的人善于展示自我、善于冒险，并且会在最后领略到人生最大的快乐，并且直达成功彼岸。

　　从前，有这样一个农夫，有人问他："你的地里是不是种了麦子？"

农夫回答说："我没有种麦子，是因为我怕种了会旱死。"这个人又问农夫："那你在你的地里是不是种了棉花？"农夫回答说："我没有种棉花，是因为我担心虫子会把棉花咬了。"于是，这个人接着问道："那你究竟在自己的地里种了什么？"农夫回答说："我什么也没有种，是因为我要确保土地的安全。"

事实上，在现实中有不少像农夫这样的人，由于担忧现实中会出现什么不好的情形，于是就很害怕冒险，哪怕自己的生活是多么地平庸，哪怕自己的生活是多么地无聊，他们也不敢进行任何尝试。殊不知，凡是获得大成就的人，都是敢于探索、敢于尝试的人。

然而，在我们的一生中没有绝对的安全，如果说丰裕的物质能够代表安全，那么，也许当你有一天早晨睡醒了之后，你所拥有的财富会顿然消失。其实，只有我们内心存有安全，那才是真正意义上的安全，而不敢去大胆探索、大胆尝试之前的那些不安和担心，是可以凭借这种内心的安全得以消除的。

比如，生活中买了房，安顿了下来，此时的我们感到是安全的；工作上稳定了，公司发展良好，此时的我们感到是安全的；自己有着不变的生活方式，活得平静而坦然，此时的我们感到是安全的，等等。然而，在我们感到安全的同时，也有很多的不安全因素在其中隐藏着，但是我们往往不会考虑这种因素，而是安于现状，不去做任何探索和尝试。

我们每个人一旦对现状感到满足，而害怕去探索和尝试时，自然就会对我们要去涉足的新领域感到害怕、担忧，并且会使我们身上的激情激发不出来，这样一来，我们便不会轻易去冒险，轻易去打破常规，当然这样会使我们少遇到一些打击和挫折，但是我们依然在原地踏步。不去做任何探索和尝试，那么，我们将永远不能取得进步。

探索和尝试可以给我们带来新体验和新感觉，因为只有勇于探索，才能让我们处于不断进步、完善之中，因此，我们对生活和工作不要提前用框框"框"起来，也不要有不必要的担忧和恐惧，而是应该切实规划好行动方案。不管是生活还是工作，如果我们只是陷入旧的框架里，则最终一定不会有新的收获。所以，要想打造一个美好的未来，就需要我们勇敢地打破常规，将自己的心灵枷锁解开，带着一种勇于探索的精神大踏步地步入人生之路。

那么，我们应该怎样做，才叫大胆探索、大胆尝试呢？才能将我们的生活方式改变呢？才能让我们一直处于进步之中呢？以下提供一些有效的方法仅供参考。

第一，要让自己多尝试一些新奇的念头和想法。在现实生活中，其实在每个人的内心深处，都期盼着脱离安逸，改变自己旧有的生活方式，重新开启一种新的生活方式和理念。那么，此时此刻，我们就可以将一些新奇的想法附加进来，做一些与众不同的事，或者选择一些和自己的气质性格很搭调的事情；或者根据自己的阅历选择做与自己的性格明显唱反调的事情；或者选择他人连想都想不到的事情，等等。

第二，要学会进行自我教育。有的时候，我们的安逸窝也许会保护我们免受预料中的危险。也许，事情并不是我们所想象的那么糟糕！此时，不妨做一些相关调查，因为重要数据等完全可将我们的恐惧和忧虑消除。或者在网络上进行某项调查，或者选择看看书，或者去浏览老同学的博客，问问一些和你有相同经历的人。这样做，不仅可以让我们迅速从消极情绪中解脱出来，还能让我们获得很好的宝贵意见。

第三，要学会挑战自己内心的恐惧。只有战胜了自己的内心，恐惧才会掉头离去。有时候，我们所处的这个窝如果过于安逸和舒适，反而会让我们跌入一种恐惧的深渊，在面对问题的时候会更加害怕。最好的解决方式是，让我们自己逐渐地脱离安逸，让自己觉得虽然安逸但是没有舒适感，甚至是厌恶安逸。

第四，时刻让自己的大脑装满积极的东西。如果我们每个人都能够意识到这一点，无论我们在此之前的想法是怎样的，它都能帮助我们逃离现有的那种安逸。但是，我们的内心必须是积极的，而非一些消极的念头。也许真实的情况并没有像我们夸大的那样不好，也许我们换个角度去看，它会有有趣的一面，同时还会激发自己的兴趣和爱好。

第五，要学会让自己的内心创建一个新的认知。这种方式不仅可以拓宽我们的新视野，而且还能增加我们的知识量。我们可以选择自己陌生的地理知识相关书籍进行阅读，或者关注一下自己从未关注过的热门话题，或者打开网络浏览一下我们从未注意到的物品等。

第六，让好朋友或者闺密待在我们的身边。因为无论做任何事情，如果我们和好朋友或者闺密在一起做，一般情况下，事情进展就不会太难，好像这正体现了团结的伟大力量。比如，你选择和好朋友或者闺密一起去做最具冒险性的"蹦极"，他们在你的身边，就会为你增添不少胆量和勇气。

总而言之，我们要学会敢于同现实"唱反调"，大胆地到新的天地去探索，在新的理念中去尝试。没有了探索和尝试，又谈何进步和成功呢？相反，如果我们每个人都具有这种探索和尝试精神，那么，成功必定离我们会越来越近！所以，勇于探索、勇于尝试，我们不妨就从现在开始吧！

给自己的人生放飞梦想

有人曾经说过，在这个世界上，最美的东西是大海；有人说是天空；还有人说是彩虹，其实，这些都还不是最美的，真正最美的是我们每个人心中怀揣着的梦想。因为，梦想比大海还要深沉，比天空还要宽广，比彩虹还要绚烂，一个人只要放飞了梦想，就意味着离成功更近了一步。

从前有这样一只鸟，它在蓝天上自由翱翔时，自言自语道："我就以那朵白云做我的目标吧，我一定能够赶上它的！"

于是，这只鸟便重新整理了自己的一双翅膀，铆足了劲头往前飞奔，然而，那朵白云却像跟它开玩笑似的忽而向东，忽而向西，没有确定的方向。甚至在有的时候，还会突然停下来，蜷缩着打旋涡。有时又突然慢慢地展开，就好像一个骄傲而懒惰的妇人一样，将自己裹在被子里，同时还伸着自己的懒腰。而更加糟糕的是，这朵白云突然就没了踪影，不管是谁，都无法找到它。

见此情景，这只鸟坚决地说："不行，看来我不能将白云作为目标，我应该大胆地放飞我的梦想，将那些巍峨矗立的山峰作为我的路向标。因为高山坚固而伟大，在它们上面飞翔，我将离成功更近，我将更加壮勇和有力。"

就这样，这只鸟放飞了梦想，让自己越飞越远！

当你和世界不一样

　　曾经有位作家说过这样一句话："我在世间行走，梦想是唯一的行李。如果你想人生美好一点，快乐一点，就该紧握梦想，坚定你期盼成功的心！"是啊，如果一个人没有了梦想，那么天空则灰暗无光；如果一个人没有了梦想，那么大地则不再宽广；如果一个人没有了梦想，那么成功将离他越来越远。总之，梦想就像一颗种子，如果加上我们的精心护理，我们就一定能够在现实中看到累累的果实。

　　人的梦想就如同一缕清风，每当我们感到困惑的时候，它就会将我们的大脑唤醒，从而将成功之舟驶向远方；人的梦想就如同一滴清晨的甘露，每当我们失去希望的时候，它就会将我们的咽喉润透；人的梦想就如同黑暗胡同里的一盏灯，每当我们看不到尽头的时候，它就会将我们前行的路全部照亮。总之，只要放飞我们的梦想，用心呵护它，不畏艰险地向前冲便可接近成功。

　　当然，梦想也是离不开现实这个根基的，如果我们不考虑自身的实际情况，只是每天枯燥地空想，梦想也会如泡影一般挥之即灭。总之，梦想之花需要我们亲手浇灌、亲手培育。

　　有一对父子，儿子天生跛脚。一次，儿子看到了一幅"金字塔"画作，顿时被画上金字塔的雄伟所震撼，于是他问父亲："金字塔在哪里呢？"父亲回答说："别问了，这是你永远不能到达的地方。"

　　20 年时间过去了，已经年老的父亲有一天收到了一张照片，照片上的背景则是 20 年前同样雄伟的那座金字塔，儿子挂着拐杖站在金字塔的前面，满脸笑容，并且该照片的背后还写着："人生不能被保证"的字样。

　　父亲看着这张照片，非常激动，原来跛脚的儿子在很早以前就已经有了这个梦想，并且用自己的行动证明了"我能亲眼见到金字塔"。

是啊，一个人一旦有了美好的梦想，只要抱着十足的信心，努力、辛勤地付诸实际行动，那么梦想终究会得到实现。如果这则故事中的"儿子"对"金字塔"的愿望只是想想而已，那么，他将永远无法实现自己的这一梦想。

在现实生活中，会有太多的人终其一生都是碌碌无为，心中没有自己的梦想，没有要奋斗的目标，甚至还整天抱怨老天没有赐予自己最好的机遇。究其原因在于，连自己都没有梦想又谈何前进的动力呢？这样的人也只能每天陷在无奈与苦恼中，也只能每天在一片黑暗中度日。

我们不得不说，如果一个人没有梦想，或者不放飞自己的梦想，那么就会有绝望和恐惧充斥整个心灵，我们不仅不会看到成功，而且还会在自暴自弃中平庸度日，打发那些无聊的时间。

当我们在一瞬间发现自己有了梦想，并且懂得要去放飞这个梦想的时候，我们便会豁然开朗，尽管梦想在开始的时候会显得十分模糊，但是，它会随着自己的努力奋斗逐渐清晰起来。总之，只有放飞自己的梦想，我们才会看到将来的希望；只有放飞自己的梦想，我们才会走出迷茫和彷徨；只有放飞自己的梦想，我们才会活出自己，并在梦想的引领下走向广阔的世界。

你若坚持，梦想总会如期实现

在我们每个人的身体里，实际上都涌动着一条梦想和智慧的河流，它们是支撑与驾驭我们整个生命的一股活水，可以说，我们的快乐和成功都与它们息息相关。

如果说梦想就是我们所站的高度，那么我们每个人的脚下则是平川，只有离开了平地才能向新的高度进发；梦想就是我们前行路上的一盏指明灯，尽管也会遭遇不少的逆境，但只要我们坚持不懈，努力付出，成功即在眼前。

智慧不是我们的头脑，而是我们原本所固有的一种觉知品质，它就如同一根指挥棒，每天都指挥着我们的头脑，一旦遇到不良状况，我们便会对此做出一种直觉性的反应，而这恰恰就来自于我们的智慧。

总之，梦想和智慧在我们的生命历程中一样都不可缺失，这让我想起了电影《洛奇》。

这部电影里的主人公30岁，名叫洛奇，他的故事发生于美国东部费城的一个贫民区。洛奇长得体格魁梧，力气也非常大。他不光是一黑社会组织的小喽啰，还是一名非职业拳击手，他经常充当陪打人，有时会连续打4场，但是最终却总也得不到任何报酬。

其实，在洛奇的心里，始终有一个梦想——在比赛的舞台上能够超越自我。

后来，在一个偶然的机会，美国重量级黑人拳击冠军阿波罗·克里德的对手由于受了伤不得不退出当天的比赛。该场比赛的主办人转念一想，想出了一个好办法，决定让洛奇出赛。

因该比赛项目专门是为了庆祝美国建国 200 周年而设立的，凡是获胜者即可获得巨款 15 万美元，这样一来，处于贫困状态的三流拳击手洛奇一下子就成了各大媒体竞相采访的对象。尽管洛奇觉得自己打不赢对手，但是在他看来，只要能和世界冠军打十五个回合而自己不被彻底击倒，就算是自己胜利了。

于是，洛奇坚定了这一信念，同时，他抓紧分分秒秒开始进行各种相关训练。

由于洛奇天生是个左撇子，勾拳非常好，然而他的右手相比之下，就差得很远了。在教练米基的悉心指导下，洛奇终于练出了一套新的拳路，在好友波里和女友艾黛丽安的鼓励下，他也变得信心十足。

到了比赛的当天，洛奇便以昂扬的斗志上场了，很快和阿波罗·克里德打得死去活来。对方总是刻意地戏弄洛奇，但洛奇显得沉着冷静，后来虽然被打得满目创伤，但是他最终坚持了十五个回合，获得了胜利。

最后，洛奇不光领到了巨额的奖金，还成了人人熟悉的风云人物。

洛奇一直想实现的梦想最终得到了实现，不仅超越了自我，而且还战胜了自我，这两个方面，他都如愿地做到了。实际上，这部电影更多地反映的是，人人都有梦想，关键还是要将机会牢牢地握在手里，然后凭借自己的智慧一步步去努力，也只有这样，才能实现自己的梦想，从而凸显自己的人生价值。

1984 年，国际马拉松邀请赛在日本东京如期举行，最终获得冠军的是一位普通的日本选手山田本一，这个结果让所有的人都感到意外。当记者问到他"你凭什么取得如此惊人的成绩"时，山田本一仅说了一句非常简单的话："我是用智慧战胜了对手！"

也许，会有不少人认为山田本一可能只是出于偶然，才获得了冠军。因为马拉松比赛不同于其他竞技比赛，它是一项考验体力和耐力的运动，如果身体素质好，再加上具有很强的耐力，那么夺冠自然就会有很大的希望。而山田本一却将胜利归结为，来源于智慧，大家就会觉得这个理由似乎听起来有些牵强。

两年时间过去了，意大利国际马拉松邀请赛在意大利北部名城米兰举行，代表日本参赛的是山田本一。令人没有想到的是，此次比赛他竟然又一次获得了冠军。当媒体再次问及夺冠根本原因的时候，山田本一依然说了与上次同样的话——用智慧战胜对手！

然而，这一次，媒体没有在报纸上挖苦山田本一，而是表示对此感到十分困惑。

又过了十年的时间，这个谜底才得以揭开，原来，山田本一在他的自传中这样写道："每次比赛之前，我都要乘车把比赛的路线仔细地看一遍，并把沿途比较醒目的标志画下来，比如第一个标志是银行，第二个标志是一棵大树，第三个标志是一座红房子……这样一直画到赛程的终点。比赛开始后，我就以较快的速度奋力地向第一个目标冲去，等到达第一个目标后，我又以同样的速度向着第二个目标冲去。40 多公里的赛程，就这样被我分解成了几个小目标，轻松跑完了。起初，我并不懂得这样的道理，我把目标定在 40 多公里外的终点线上，结果我跑到十几公里时就疲惫不堪了，我被前面的那段遥远路程给吓倒了。"

　　山田本一获得的成功带给我们这样的启示：再多的坎坷，我们也不能轻易地望而却步，因为每个人的身体里都流淌着智慧，要想开启这个智慧，就需要我们动用精力在意识上警觉起来，善于发现并一路跟踪它。

　　有人曾经这样说过："知识是无限的，生命是有限的，用有限的生命去追求无限的知识，就像流星一样短暂而令人伤感。"我们每个人所获取的知识总是有限的，如果我们将毕生的精力用于追求这些知识，则不如仔细地关注一下自己的意识，设法将自身潜在的大智慧挖掘出来，运用到生命价值发挥的行动中去。这样才会将我们自身的潜力、能力及价值最大化，才算活出了真正的自我，也才会让世界看到在梦想与智慧支撑下的，我们的人生。

给自己力量，乘风飞翔

　　我们在做任何事情之前，如果用积极的心态暗示自己，便能将我们的潜能一点一点激发出来，要知道，我们每个人的身体里都有一股神奇的力量。所以，我们要为此而更加自信，让这股力量激励我们与自己的目标相配合，从而主宰我们的命运。

　　反之，如果我们用消极的心态进行自我暗示，我们的潜能便会自动隐匿在身体的某个角落，永远不会显现出来，那么神奇的力量自然就得不到发挥和利用。总之，积极和消极这两种不同的心理暗示，对我们的思考方式和具体行为会造成不一样的影响。

有个小女孩，她的左额头上有一块小伤疤，她常常为此感到自卑，于是，她很不愿意和别人做朋友，也不愿意和别人打招呼，每天心情都很低落。

一天，她的妈妈送给女儿一只漂亮的发卡，并且告诉女儿这个发卡正好挡住了那块伤疤。女孩对着镜子一看，果然如此，于是，她立刻觉得自己漂亮了很多，就这样，她高兴地上学去了。就在家门口，她刚出门就和对面走来的人撞上了，但是，她笑着主动对人家说"对不起"。

可以说，在这一整天里，小女孩一想到自己头上的发卡已将那块伤疤挡住了，就十分开心，她主动和同学们打招呼，并且，她在课堂上还很认真。

"妈妈，你送给我的这个发卡实在太神奇了！我今天感觉很好，从来没有过这样的感觉。"回到家里，女孩便兴奋地和妈妈说。紧接着，她又告诉了妈妈当天在学校里发生的一切。

妈妈愣了一下，说："你能有这样的改变真是好事，不过，女儿你今天并没有戴这个发卡啊，早晨等你走后，在门口我捡到了它！"

小女孩的故事给了我们这样一个启示：一个人完全可以由不自信转变为自信，其中起到重要作用的是，以积极的心态进行自我暗示。正是挡住伤疤的那个发卡，让小女孩一直想着自己不再丑陋，从而也让自己增强了自信，随之，身边的一切人和事也都跟着变得美好起来。

如此看来，要想提高自己的自信心，应先让自己有一个良好的心理状态，再积极地进行自我暗示。古往今来，凡是获得成功的人们，对"自我暗示的神奇力量"都了如指掌，也善于运用，而那些总遭失败的人，却根本不懂得自我暗示的不可或缺性。

在拳王阿里小的时候，他的家人给他买了一部自行车，于是，他每天都骑着它出游，每天过得都很开心。

一天，阿里将自行车存放在了警察局门口，但是没给它上锁，没想到，等他出来以后，新车却被人偷走了。正当他为此烦恼的时候，他的警察朋友提出教他拳击，并对他说："以后，你每遇到一个拳击对手，你就不妨将对方当成是那个偷车之人。"

后来，在每次拳击比赛中，阿里就是在这样的自我暗示下越战越勇，后来如愿获得美国乃至世界的拳击"冠军"称号。

另外，值得一提的是，阿里在每次比赛前，都会对着摄像镜头喊："我是最棒的，我是不可战胜的，我是冠军！"

实际上，阿里就是运用了自我暗示技巧，并且运用得很成功，他始终相信自己身体里存有一股别人无法战胜的力量，正因如此，他才取得了一个又一个辉煌。

其实，生活也是一样。不管是喜还是忧，不管是顺境还是逆境，我们都要乐观自信；无论生活给予了我们什么，我们都要学会不断地运用积极的"自我暗示"，始终坚信自己有一股潜在的力量，只有这样，我们才能最终如愿以偿，有所成就。

我们不妨从即刻起，每天抽出几分钟的时间，将自己全身心放松下来，然后积极地暗示、疏导自己："我一定能行！""我今天心情非常好！""我一定能够克服这个困难！""我是最棒的！"……这样一来，我们身体里的那股神奇力量便会联合我们的实际行动，从而帮我们活出自我，创造与众不同的"神奇"人生！

什么样的选择决定什么样的生活

什么样的选择，就会决定我们以后的生活是什么样的。应该说，在我们每个人的生活中，都会面临很多选择，决定我们今天生活的，应是我们之前做出的选择；而我们现在的选择将会决定我们以后的生活。一个人的选择不同，就注定会拥有不一样的人生。

从前，有三个人同时被关进了一座监狱，监狱长允许他们可以各自提出一个要求。

第一个人由于喜欢抽雪茄，所以要了3箱雪茄。

第二个人由于最懂浪漫，所以要了一个漂亮女子与自己相伴。

第三个人，要了一部电话，说自己每天要和外界沟通。

三年时间很快就过去了，第一个冲出来的人，鼻孔里和嘴里都塞着雪茄，冲着人们大喊："快点给我火，快点给我火!"原来，他当初忘了要火柴。

第二个走出来的人，手里抱着一个小宝宝，漂亮的女子还拉着一个小宝宝，同时，她已经怀上了第三个小宝宝。

最后走出来的那个人，激动地握住监狱长的手说："在这三年时间里，我每天都通过那部电话联系外界，才使我的生意没有停顿下来，并且利润还增至2倍，所以我对你表示深深的感谢，为表达我的谢意，我要送给你一辆劳施莱斯!"

我们不必去辨别这个故事的真伪，重要的是，我们要明白其中蕴含的道理，确实如此，什么样的选择决定我们未来有什么样的生活。

选择对于我们未来的生活起着重要的决定作用，当然，对于人生十字路口处的选择，更是决定着我们的命运。其实选择并没有所谓的标准，关键在于，我们是否做出了对的选择，是否能掌握住选择的伟大力量。

实际上，让我们做出选择并不是一件容易的事，因为在选择的过程中，我们的能力、胆识、见识等都在接受着不同程度的考验。有的人选择了做生意；有的人选择了卖图书；有的人选择了做时尚媒体；有的人选择了做培训，等等。不管是涉足哪个领域，大家都想让自己扬眉吐气，风风光光。总之，只要我们做出的选择是正确的，并且与自己的专业知识和情趣都很搭调，那么就意味着我们选对了路子。

16 年前，杰夫·贝索斯萌生了要创立亚马逊的想法，那个时候，他刚刚 30 岁，结婚也刚刚有一年时间。

那时的现实情况是，互联网使用量以每年 2300% 的速度增长，杰夫·贝索斯对此也是从来没有看到过、听说过。所以，一想到自己要创建涵盖几百万种书籍的网上书店，他就十分兴奋。

于是，杰夫·贝索斯就将自己打算辞掉工作的想法告诉了妻子，并且告诉她自己有一天可能真的面临失败，而妻子很支持丈夫去追随自己内心的那股热情，便鼓励他说："你应该放手一搏。"

那时，杰夫·贝索斯在美国纽约一家金融公司工作，同事们也十分聪明，公司领导处事也很智慧。在辞职后，杰夫·贝索斯就将自己想在网上卖书的想法告诉了老板，他的老板随后带他去公园散步很久很久，并劝他再好好考虑一下。

最终，杰夫·贝索斯还是决定自己拼一次，并且表示，一旦自己失败了，也绝不会感到遗憾。就这样，他选择了一条在那时人们看来并不安全的道路。

如今，杰夫·贝索斯已成为了亚马逊的创始人兼 CEO，每当想起当初的那个决定，他都为此感到骄傲和自豪。

是啊，如果选择了宁静，就意味着要过孤单的生活；如果选择了高山，就意味着要面临无数坎坷；如果选择了要成功，就意味着自己会经历很多磨难；如果选择了机遇，就意味着自己会承担许多的风险。不得不说，一个人的选择，直接决定着他将来要过什么样的生活。

在大海浪潮翻起的时候，我们是选择退缩，还是勇敢搏击风浪？在现实严峻情况之下，我们是选择放弃，还是勇往直前？在自己成为愤世嫉俗者之前，我们是选择卖弄自己的小聪明，还是选择一份善良？因为不同的选择，直接决定着我们是否能够战胜自我，是否能超越自我，是否能大获成功。

无论家庭还是事业，都串联着很多种的选择。我们都希望活出精彩的自我，都希望世界的目光能在自己身上停留，但是除了付出艰辛的劳动，需要辛勤地去经营，并且还要看我们能否做出正确的选择。选择对了，结果就是对的；选择错了，结果就是错的。总之，我们要美好的生活，要成功的事业，我们就必须选择坚持不懈，选择艰苦奋斗。因为选择在于自己，而结果在于做何选择。

经历蛰伏的痛，才有羽化的美

　　蝴蝶之所以美丽，不光在于它能够破茧而出，还在于它经历了痛苦蛰伏。也就是说，如果没有痛苦的经历，没有付出大量的汗水，再怎样期望成功，也无法将成蝶后的美丽真正展现出来。

　　有个小孩，在一堂自然课上，听到老师讲述了蝴蝶的成长过程：蝴蝶先是由卵变为幼虫，再由幼虫变为蛹，最后由蛹变成蝶。

　　后来，小孩在回家的路上，发现了一个蛹，于是，他将它带到家里来，开始对它进行认真地观察，想看看它究竟是怎样变成蝴蝶的。

　　几天以后，小孩发现这个蛹上出现了一道小裂缝，突出来一只昆虫的头，于是，他心想："会不会这并不是漂亮蝴蝶的蛹呢？"

　　又过了几个小时，小孩看到这只昆虫依然在使劲地挣扎，好像是要把自己的身体挤出来，但事与愿违，它没能顺利地挣脱而出。

　　小孩见状，便很想帮助这只小昆虫，于是，他拿剪刀剪开了蛹，解救出了这只小昆虫。可是，这时从蛹里爬出来的，竟然是一只非常难看的昆虫。

　　于是，小孩惊呼："怪物，怪物！"他的爸爸闻声急忙从书房里跑出来，便问儿子怎么了。当他知道事情经过以后，又看了看这只小昆虫，对儿子说道："儿子，其实这并非怪物啊，它实际上没有成形，但由于你出于好心的一剪，表面看来，你是救了它，但是却将它害了。"

的确如此，故事中的小孩这善意的一剪，使蝴蝶失去了应有的美丽，因为只有经历过一番挣扎、一番痛苦的蜕变才是最完美的蝴蝶，才能有日后的美丽起舞。

现实生活也是如此，我们要想成为美丽的蝴蝶，就需要有一个蛰伏起来化茧的过程，不管这个过程有多艰难、有多艰辛，我们都要亲身经历，勇于付出，万万不可操之过急，否则便会永远失去美丽而有力的身姿。

现实生活中也有不少这样的实例，凡是强者一遇到不可抵挡的困境，总会选择暂时蛰伏起来，但是这并非说明他们是在逃避风险和困局，而是在做蓄势待发的等待，一旦机会来临，便会取得自己想要的成功。

鹰这种动物，在所有鸟类中，寿命算是最长的，可以活70年时间。然而，在这种动物到了40岁时，它的身上便开始发生一定的变化，也就是凸显出一些不足：爪子不再坚韧，喙也不再尖锐，几乎碰不到自己的胸膛。另外，再加上沉重的翅膀，厚重的羽毛，这样一来，它就很难在空中飞起来。

一般在这种情况下，鹰会选择冷静地看待自己存在的这些缺点：或者选择痛苦地蜕变，或者静静地等着死神的到来。其实，鹰一旦选择了前者，就需要很长时间的修炼，大概是5个月的时间。那个时候，鹰会将自己的窝建在一个高高的山顶之上，并耐心地停留在那里。

紧接着，鹰会用它的喙使劲地击打岩石，直到自己的喙完全脱落下来；接下来，鹰就等着新的喙重新长出来，然后再用新喙将爪子上的所有指甲拔出来；最后，鹰等新指甲长出来以后，再将自己身上的所有羽毛拔掉。

待5个月时间过去以后，鹰就会长出新的羽毛，应该说，它在自己的后 30 年，又可以展翅翱翔了。

可以说，鹰经历了一场"破茧成蝶"的痛苦蜕变，如果没有这一段蛰伏期，它就很难再飞起来。其实，我们每个人的一生中有时候也是这样，当遇到逆境的时候，痛苦的历练是必需的，因为只有这样，我们才能给自己不断地积蓄能量，让自己提升到另一种高度，才能让自己的人生道路得以灿烂和耀眼。

"破茧成蝶"让人听起来是一件很容易的事情，其实则不然，这个过程不是一般人能够忍受的，需要毅力、需要决心、需要受苦，也只有重现自我、寻找自我、发现自我，才能变成美丽翩飞的蝴蝶，其中也许有令人想象不到的痛苦挣扎，也许有过山车般的 360 度大转弯，总之"吃得苦中苦，方为人上人"。

应该说，每个人都有自己的梦想，每个人都期待自己未来获得某种成功。每个人的梦想都是五彩的，只要用自己的血汗换取生命最美丽的东西就是可敬的。为了破茧成蝶，再多的付出，再多的艰辛都阻挡不了我们飞翔的那颗心。

千万不要忘记，我们平时的步伐不可太急促，特别是遇到挫折和磨难时，就要给自己一定的时间，让自己像蛹一样在茧中蛰伏，从而提升自我、重塑自我，有一天，一旦勇敢地破茧开来，我们将会绽放出最漂亮的羽翼！

背负包袱，会误了风景

我们每个人走在人生之路上，就如同爬山，原本我们完全可以卸掉所背负的包袱，轻松达到成功的巅峰，并且，还可以一路上欣赏美丽的风景。然而在实际行动中，有不少人偏偏喜欢一直背负着沉重的包袱，这样一来，不仅误了看风景，还使得身心疲惫。

一次，一位禅师和徒弟出门讲禅，当两个人走到桥边的时候，正好赶上山洪暴发，桥梁已被彻底冲毁了。

正在此时，有一个年轻漂亮的姑娘也要过河，因为家里有急事，当看到桥梁已断便十分着急。见此情景，禅师走上前问："姑娘，你要过河吗？要不这样吧，我背你过河！"

这个姑娘顾不得男女有别，便回答道："好啊！好啊！"就这样，禅师背着姑娘涉水过去了。当到达河对岸以后，禅师把姑娘放下，师徒两个人就径直奔向自己要去的方向了。

这时，一直跟在禅师身后的徒弟心中却不以为然地想："师父常常跟我们说'男女授受不亲'，那为什么今天师父却要背这位姑娘过河呢？"由于对方是师父，自己是徒弟，他犹豫了几次想问师父，但一直不敢将自己的想法说出来。

　　过了三个月以后，这个徒弟心里依然放不下这件事。终于，有一天，他跑到禅师面前说出了自己的意见。

　　禅师听后，大笑起来："哎呀！徒弟，你太辛苦了！我在背那个姑娘过河后，就早已放下了她，为何你现在依然背着那个姑娘呢？而且一背就是三个月，你实在是太辛苦啦！"

　　其实，我们每个人每天心里都背负着这样或那样的包袱，孩子的学习成绩提不上去，我们心感疑惑；工作精力集中不起来，我们心有杂念；期待自己有一天能够变成一个大富翁，我们心存妄想；生活中自己与人吵了架，我们心烦意乱，等等。试想，如果能够学习那位禅师很快放下的精神，那么烦恼、妄想等自然就会少了。

　　人之所以放不下心里的包袱，是因为不管何时都会去斤斤计较，不管何人都会将恩恩怨怨压在心上，这样的活法自然也就辛苦了很多。总之，要想早日摆脱掉过于沉重的心情，活出真正的自己，就应毫不吝惜地抛弃这些心理包袱，迎接生命中的春风。

　　我们都听过美国著名小说家塔金顿这个名字。我们也大多都知道他是一个中途失明的盲人作家。据说，他未失明的时候，经常说这样一句话："我可以忍受一切变故，除了失明，我绝不能忍受失明。"

　　或许上帝故意要和他开个过头的玩笑，就在塔金顿60岁那年的一天，他从医生那里得知了一个惨痛的噩耗：他即将失明。也就是说，他最为恐惧的事终于还是发生了。

　　在如此沉痛的事实面前，塔金顿的反应怎么样呢？让熟悉他的人们惊讶的是，他不但没有表现得过于沮丧，而且还挺愉快的。不久后他完全失明了，他对于别人的慰问是这样回应的："我现在已接受了这个事实，也可以面对任何状况。"

此后，为了使视力得以恢复，塔金顿在一年内接受了十多次手术。虽然饱受痛苦，但他知道，这是要想医治自己的眼睛所必须经历的。所以他仍然像当初接受失明那样接受着每一次手术。在此过程中，他还不断地用自己的幽默给病友们带去快乐，他甚至对于自己的眼部手术还开这样的玩笑："真是奇妙至极呀，科学已经进步到连人眼这样的精细器官都能动手术的程度了，这样看来，我真是幸运的！"

不得不承认，塔金顿是生活的强者，他在自己遭受失明的现实和十多次手术面前，甩掉了身体遭受创伤和不幸的包袱，表现出了常人难以企及的坦然和乐观。在之后的日子里，塔金顿曾说过："失明并不悲惨，无力容忍失明才是真正悲惨的。"可是，我们看看那些试图改变既成事实的人，在不如意的境遇里又是怎么做的呢？他们奋起抗争，努力改变，其实这正说明他们内心是软弱的，他们不能说服自己卸下压垮身体的包袱，自然也就无法寻找生命中的春天了。

所以说，我们要想活出真正的自我，要想不白白来这个世界走一遭，我们就要时刻静心、怡心、洗心，同时一一清除掉心中的各种包袱。要知道，如果不舍得丢掉这些包袱，我们就会为其分散精力，扰乱视线，也会导致我们偏离目标，甚至走上岔路。

总而言之，我们要学会感恩，学会知足，学会释放，不断地去除令人讨厌的烦恼，刷出一个崭新的自我，也只有这样，我们才能一身轻松地向成功迈进，相信在心灵轻松的背后，一定是如彩虹般美丽的终点！

第五辑

当你活出自己
生如夏花般灿烂

每个人在世上只有一次活的机会，没有人能够代替他重新活一次。生命短暂，当如夏花，活出最美、最真实的姿态。

/ 生命只有一次 /

在现实社会中，有的人从生活中败下阵来，有的人在职场上没有站稳脚跟，他们在四处抱怨的同时，从来不知道自己失败的根源在于自己没有激情。因为，无论是在工作中，还是在生活中，凡是成功人士都会将身体里的激情迸发出来，而那些失败人士却不会巧用此法则，其实道理很简单，若只是将工作作为糊口的营生，那么自己的发展便是无望的。

实际上，我们每个人都有自己的理想和愿望，每个人都有攀越高峰的权利和自由，每个人都想成为众人中的佼佼者。如果在生活和工作中不小心跌倒了，一定要让自己勇敢地爬起来，去寻觅一种如魔法般的力量，让我们的激情发生"八级地震"，因为只有这样，我们才能在仅有一次的生命里，走向那成功之巅。

那么，我们如何才能让自己的激情狂风暴雨般地迸发呢？

第一，要爱上工作和生活。以万分的精力投入到简单的生活和工作中，将热情激发出来，这才是获取最终成功的制胜法宝。不管自己有什么样的目标和理想，耐心专注于自己喜欢的事物，不久就会让激情迸发出来，并且这种积极主动的情绪会将自己带入到一个最佳的境界。总之，只有我们迸发了全部的激情，才能更加富有创造性，从中深切感悟生活和工作的真谛。

第二，要不断地寻求、超越自我。无论是生活还是工作，人难免有时心生疲惫，比如，我们很喜爱的一件东西让我们把握在手里，难免有一天会有玩腻了的感觉。或者，我们一直在吃一种食物，也许我们很快就会吃腻了。所以，要在生活和工作的时候不断给自己新鲜感，时刻提醒自己不要总是躺在舒适窝中，要不断寻求、超越自我，将激情激发出来，才能成就自己的事业和辉煌。

第三，要保持一种积极的心态，将恐惧远远地扔到一边。我们要始终抱持一种积极的心态，与此同时，身体就会获得阵阵新的动力和力量，其实这就是一直隐藏着的激情。可以说，这个世界上，真正可怕的是自己内心的恐惧，所以不管遇到什么样的困难，都要让自己的心远离"恐惧"，因为往往在恐惧过后，姗姗而来的便是激情，总之，我们要勇于抛弃恐惧，不要嫌弃激情的到来，因为激情可以指引我们走向最高峰。

第四，要将自己的目标拉长。有人曾经总结出这样的结论，凡是一些达不成自己目标的人，是由于其锁定了小目标，而没有拉长自己的目标，从而让自己失去了追求和努力的动力。因为只有那些自己不敢想的目标才能将自己身体里的激情激发出来，才能让自己更加奋发向上，努力争取。

第五，要敢于竞争，快乐竞争。在现代职场中，不管我们自己有多么完美、多么出色，总是会有优秀者超越我们，正所谓"天外有天，楼外有楼"。因此，我们在做到谦虚谨慎的同时，还要迸发出自己的激情，在各个方面完善自己，努力赶超他人。无论自己的成长线现在定格在什么位置，我们都不要轻易退出竞争的舞台，要参与竞争、敢于竞争、快乐竞争才能有成功的希望。

第六，要勇于在危机中求生存。危机往往是激情迸发的前奏，因为危机能够激励我们竭尽全力向着目标前进。当然，我们每个人也不能整天坐等危机的来临，而是要随时做好挑战自我的准备，让激情迸发出来，从而不断激发自己生命力量的源泉。

　　有的时候，无论做什么样的事情，我们总会因为自己状态不佳或者精力不够而将应该做的事情搁置在旁边，或者迟迟不肯去付诸行动，只是静静等待一种灵感的到来。光是拖延和等待是万万不行的，我们要想让事情力达完美，就必须在自己的身上找到那股魔法般的力量，一直不停地朝向前，敢于去做，不怕犯错，不怕失败，就算是失败了，自我解嘲一下不失为上策。

　　总之，要让自己乐在打破逆境的过程里，只有这样，我们才能尽享人生的忧愁与欢喜、悲伤与快乐，这样的人生才不会留下任何缺憾。

飞翔出一段最美丽的弧线

　　路边随风摇摆的青草，我们不做，我们要做就做立于高山之巅的苍松；普通的小溪，我们不做，我们要做就做一望无际的沧海；整天叽喳的麻雀，我们不做，我们要做就做翱翔于蓝天的雄鹰，飞翔出一段最美丽的弧线。

　　有这样三只一起生活的小鸟，有一天，它们一起从巢里飞到了外面。

　　其中的一只小鸟飞上树梢，当它看到在地下跑着的鸡鸭羊群时，认为自己比它们强很多，所以就心满意足地停留在树梢。

　　而另外两只小鸟却继续向远处飞去，一只小鸟飞到了云端，由于它看到了漂亮的云彩，于是就停留了下来。另一只则忍受着孤单和寂寞，不停地向上飞着，它决定自己一定要飞向太阳。

最终，在树梢停留的小鸟成了麻雀，在云端驻足的小鸟成了大雁，而那只甘于忍受孤独的小鸟却成了雄鹰。

我们应该去选择做一只展翅翱翔的雄鹰，在蔚蓝的天空划出自己美丽的弧线，这样才更能显现出生命的弥足珍贵。

现实中，有不少人认为工作和生活天生就是一对矛盾体，其实不然，两者的关系是相辅相成的，打个简单的比方，就像人为地去画一道弧线，如何使弧线看起来更完美，就需要我们深刻体悟平衡的道理！如果我们能够把握好这个平衡，那么，弧线就是匀称的；如果我们不能很好地把握这个平衡，那么，弧线就是扭曲变形的。

美丽的弧线在被划出的那一瞬间，就像圆月弯刀，它看起来十分绚丽，但却寻不到任何痕迹，这是由于弧线在形成过程中将一切变化都孕育和包含在内了，从原点出发，终点好像又回归到了原点。

从前，有一只嘴馋的狐狸来到一个葡萄园内，一串串饱满的大葡萄让它再也抑制不住饱吃一顿的欲望，于是，它便猛地往上跳，很想摘一串新鲜的葡萄吃。

可是，因为葡萄架太高了，所以，狐狸第一次试跳失败了。于是，狐狸心想："这串葡萄不好，看看它那个丑样子，尽管外表挺好看，但是一定是去年的陈瓤。"

想着想着，狐狸又看中了另外一串葡萄，遗憾的是，此次它又未够着。狐狸又心想："这串葡萄也不好，肯定施过化肥，一定不属于纯天然的绿色食品，要不然就是注水葡萄。幸亏我没有吃到它，如若不然，吃得我拉了肚子就不划算了。"

就这样，狐狸的第二次试跳又没能成功，此时，不知从哪儿传来了稀稀拉拉的掌声——原来，有几只乌鸦落在树上，正在看这里的热闹呢。狐狸向它们拱拱手，向乌鸦们表示谢意。

经过两次试跳以后，狐狸感到有些累了，它心想："如果现在有一位教练递给我一瓶矿泉水，将动作要领告诉我，再为我布置一下战术，那该有多好啊！是啊，这一生能有几回搏？我不妨再最后试跳一下，我还是有些不甘心。"于是，这只狐狸转动着狡猾的眼珠，在四处寻找着什么，忽然，它的眼前一亮，将找到的一根长竹竿拿到手里，然后抓住竹竿，后退了几步，并示意给乌鸦们，让它们为自己加油。

狐狸此时得到了乌鸦们的鼓励后，自信满满，只见它提竿快步向葡萄架奔去，竹竿头也十分准确地插入了地面，就这样，这根竹竿将狐狸撑了起来，有了一定的高度，然后是抛竿和自由下坠的动作，这一次，狐狸终于跃过了葡萄架，并且，十分安全地落到了对面的草地上。

只听乌鸦们惊呼着："狐狸，你太棒了，你的姿势真优美，动作非常漂亮。"很快，其中一只乌鸦优雅地飞下来，将一束野花献给了狐狸。狐狸手捧着野花，怀着十分激动的心情，为自己终于取得成功而欣喜。

然而，在狐狸短时间的高兴过后，它突然像是想起了什么："我今天实际上是来吃葡萄的，可是我连葡萄皮都没吃着，跳得再高再美又能怎么样呢？"

这则故事告诉我们：我们每个人不仅要做一只划出优美弧线，展翅翱翔的雄鹰，还不要忘了自己的真正目标是什么，而非贪恋周围的风景与热烈的掌声。总而言之，我们时刻都不要忘记我们的目标是什么，我们所要的结果是怎样的。在这个过程中，有鼓励、有掌声，当然是值得我们喜悦的，但是，在划出优美弧线的同时，也一定时刻将自己的努力目标矫正过来。

也许，在现实生活中，我们每个人对于是不是成功这个问题，给出的答案都是不一样的。有的人认为，拥有足够的物质，享受着高质量的生活，就意味着自己成功了；有的人认为，自己拥有名利，有自己的公司，就意味着自己成功了；有的人认为，自己能够和朋友们每周去打一两场高尔夫，就意味着自己成功了；有的人认为，自己能够带着爱人周游天下，就意味着自己成功了；有的人甚至认为，自己能拥有一个美满幸福的家庭，就意味着自己成功了。

可以说，我们每个人都有自己的期望值，但是，别忘了最重要的一条，一定要展翅翱翔，就像雄鹰一般将美丽的弧线划出来。同时，我们还要学会享受工作，乐在生活之中。对于那些非凡的成功管理者而言，不仅要营造出一个良好的工作氛围，还要让大家身心快乐；对于那些全职太太而言，不仅要将家务打理得井井有条，还要智慧地做好家庭理财等；对于那些将要踏入社会门槛的大学生而言，不仅要答好自己毕业时的那份答卷，而且还要对自己的人生有一个很好的规划。

我们需要在生活和工作两点之间总是能够找到来之不易的平衡，最终实现自己更完美的一次飞跃。为了美好的明天，就让我们付诸行动吧，犹如雄鹰一样，在辽远无际的蓝天下展翅翱翔，划出最美丽的弧线，为自己的人生增添一道靓丽的风景线。

努力吧，我们只有做到了这些，才能获得更多改变人生的机遇，才能活出我们的精彩。

/ 活出最美的自我 /

作家易卜生曾经说过这样的至理名言："人的第一天职是什么？答案很简单——做自己。"是啊，人只要活着，就要有自己的独特风格，要做自己也很简单，一定要在认清自己的基础上把握自己的命运，从而使自己的人生价值得以实现，做自己真正的主人。

我们活着，就要活出自己的风格，具体是指，我们不仅要将自己受人欢迎的个性表现出来，还要使自己的文化修养得以加强，从而提升自己的精神境界，与此同时，还要确保自己的独特风格能够被他人接受和欣赏，从而诠释出最美的自我。

所以，这就需要我们战胜和征服自我，改掉自己的那些坏习惯，因为有时不被注意的坏习惯很容易摧毁一个人的创造力和想象力，正所谓"首先控制你自己，然后你才能控制别人"。总之，我们每个人都有自己的一套为人处世的原则，不管是生活还是工作中，都不要太在意别人对自己的看法，更不能因为别人的评论刻意地去改变自己。

有一位画家，他希望自己的每一幅画都惹人喜爱，于是，他将画拿到市场上去展出。并且，在画作的旁边搁了一支笔，另外还有一个大纸条，上面写着：每一位观赏者如果认为此画有欠佳之笔，都可以做出自己特有的记号。

当这位画家晚上回到家的时候，才发现，整个画面都涂满了记号，几乎每一笔都受到了否定，为此他十分不快，内心也感到十分失落。

这位画家又想出了另外一个方法，决定再拿同样的一幅画去尝试一下。于是，他又摹了同样的一张画拿到市场上展出，然而，此次他却要求每位观赏者将其最为欣赏的妙笔在画上做上自己特有的记号。

当这位画家晚上回到家的时候，他惊喜地发现，画面上涂遍了记号，上次被大家否定过的地方，现在却是一个又一个的肯定。

于是，这位画家感慨道："无论我们做什么事情，只要使一部分人满意就够了，因为有些人眼里丑恶的东西，在其他一部分人眼里则是美好的。如果一味听信于人，就会很容易迷失自我，甚至做任何事情都会诚惶诚恐。这样的人，一生也无法成就大事，是因为他们太重视别人的态度和眼神，没有自己的原则和风格的人生又有何意义呢？"

但丁曾经说过："走自己的路，让别人去说吧！"不得不说，每个人都有自己的秉性，每个人都有自己的原则，有的人活泼，有的人淡定，有的人喜欢安静，有的人喜欢热闹，有的人喜欢听取别人的意见，有的人喜欢自己拿主意，等等。不管我们的人生会怎样，我们只需活出自己的风格，只要感觉自己幸福就可以了。总之，千万不可压抑自己的内心，将自己做人的原则随意丢掉，重要的是要活出自己的幸福和自信，活出自己的风格。

在实际生活中，有一部分人的内心确实存在着一种奴性倾向，也就是说，他们给自己的心灵套上了一副重重的枷锁。在光阴不知不觉地流逝中，有不少人将灵魂交付于他人，为了打拼，从事了时髦但自己并不喜欢的工作；有不少人为了博得上司的器重，说着言不由衷的话，戴着厚重的面具，在自己并不喜欢的环境里，做着自己并不喜欢的事情，甚至有时候会不自觉地完全受命于他人，而将自己的风格丢掉或者从来就没有过自己的风格。

　　每个人的一生就像一张白纸一样，我们没有必要将自己的命运全部交付出去，因为有效的规划和对自我的控制在我们的一生中显得非常重要。如果今天你积极地去思考了，那么明天你就有可能改变命运。也就是说，控制了自己的思想，也就相当于控制了自己的行动。而在思想支配行动的过程中，我们只需要保留那些积极的、能引发成功的思想，同时也要坚持一定的、自己的原则，做人做事还要有自己的独特风格，只有这样，我们才能在社会中生存、立足，在自己喜欢的天地里做出一番大的事业，从而活出一个全新灿烂的自我。

　　当然，选择自己喜欢的工作，不仅我们自己需要勇气，而且还需要有魄力。只有这样，才能实现我们心灵上的自由，从而让魄力带动梦想，活出一个真实的自己，不言而喻，这也是人生一大快乐的事。凡是成功的人士都有其不同于他人之处，而那些缺乏主见，不能做到独特的人是不会有一个清晰的目标的，在实现目标这一点上也是难上加难。

　　总之，我们每个人活着，就要勇于展现自己区别于他人的地方，塑造出独特而又优秀的性情，在我们的言谈举止和生命的整体中，完全体现出自己的独特魅力和风格，从而主宰我们的心灵，向命运发出最英勇的挑战。

/ 敢想敢做，才能赢得成功 /

凡是成功人士，都有自己一番尝试的勇敢经历。事实上，尝试就意味着探索，探索就意味着创新，创新就意味着有走向成功的可能，也就是说，如果不尝试，就谈不上创新，如果不创新，自然就不会有成功。一个人如果不敢想，也不敢做，那么他的人生还有什么意义呢？

在现实中，只有敢想敢做的人，才能勇敢地面对严酷的现实，经受得住挫折和磨难的考验。反之，那些不敢想不敢做的人，是不可能有直面现实的勇气的，更不会付诸实际行动。在人的一生当中，如果没有经受一点儿挫折，就意味着自己会缺失一笔重要的财富。

实际上，一个人光敢想，还远远不行，而是要先有目标，然后朝着这个目标前进，要有永不停息的坚韧和毅力，当然敢做也并不是胡乱一气地做，这儿一榔头，那儿一棒槌的，也是需要朝着自己确立的目标行动，总之，只有敢想敢做，才能赢得最后的成功。

有这样一则寓言小故事：

从前有一群小老鼠每天都过着提心吊胆、偷偷摸摸的日子，并且，还不断地遭受人们的追打。

其中，有这样一只小公鼠，过腻了这种不劳而获的贪图享乐的生活，于是，它决定过一天人的日子。听它说完，许多老鼠都哈哈大笑，笑它这是痴人说梦，想法过于荒唐，于是，其他老鼠都整天躲着它。

这样一来，这只小公鼠非常孤单、寂寞，然而，它始终未动摇过自己的理想，它决心试试看。就这样，它开始悄悄地模仿人钻木取火、烤制食物。

在经过了一段长时间的学习和尝试以后，这只小公鼠终于学会了人类的许多应用技能，甚至它还开始练习直立行走的动作了。

但是，唯一令它感到遗憾的是，它浑身都是毛发，并且无法向人类学习字的发音等，但是，对此它一点儿都没有气馁，而是更加刻苦地学习。

小公鼠的执着将上帝感动了，于是，有一天晚上，上帝托梦给它，只要它经受得住烈火的炙烤，就能拥有脱胎做人的机会。小公鼠对此没有任何畏惧，并且非常地果断，在上帝的帮助下，它不仅经受住了烈火的考验，在形体上也变化了很多，而且它还会说话了。

后来，这只小公鼠终于变成了人。而在小公鼠原来的伙伴们仍过着暗无天日的日子时，小公鼠却已经在人间过上了人的生活，自力更生，自给自足，走在大街上也总是昂首挺胸，自信满满的。

其实，这则生动的寓言故事告诉我们这样一个道理：我们每个人只要怀有希望，敢想敢做，无论什么样的事情，都会有改变的可能性。所以，我们千万不可轻易取笑看起来荒唐的想法，要知道，有时候荒唐中也会有新的发现、新的奇迹。也只有敢想敢做，才能活出自己的精彩。

事实上，有不少有创业想法的人都是一样，总会在夜幕降临之后想出很多条可行的路，但一早醒来却又绕回到原路。尽管他们能够想出很多的有创意的点子，但是最终不能获得成功的原因是其从来没有去执行过，还给自己找来很多种不执行的理由。而那些成功人士却因为敢想敢做，敢于炫出自己的精彩，才最终取得了成功。

现实中，我们也容易犯这样的毛病，有想法，但是不去付诸施行。其实，我们应该学习那些成功人士大胆炫彩的精神，不让自己的理想止步于想象，而是以积极的心态将想法化为行动，并且凭借敢想敢做的韧劲，最终成为受人瞩目的人物。

在 20 世纪 80 年代，英国牛津大学物理系教授迈克在学校从教的时候，总会有很多公司找到他，请他推荐一些物理专才。因此，迈克立即就意识到，我为何不建立一个专门推荐人才的公司呢？

于是，迈克就特意进行了相关调查，结果表明，市场上出租行业十分兴旺，几乎什么都包括了。他心想："出租人才的业务还没有被发现，我如果创办这样一家出租公司，那些需要我推荐专才的公司，一切问题就轻松解决了，并且我还可以从中受益。"

就这样，迈克准备创办一家人才出租公司，他先是租下了一间办公室，同时雇了几名员工。为了宣传，迈克找人在报刊上登出广告："人才支援公司征求和出租各类专业人才，服务时间长短均可，诚信服务，欢迎惠顾。"

广告刊登之后，很快便有不少的人才、专家来迈克的公司注册，有工作的人愿意在业余时间做些兼职工作，失业者的愿望则是通过迈克的公司重新找到适合自己的工作。迈克吩咐员工详细地记录应征者的情况，并将聘请通知及时地告诉他们。

后来，一些需要专业人才的公司也纷纷前来租用专业人员，于是，迈克进行了相应的调配和安排，从而使双方都如愿以偿，就这样，公司很快开展起了这项业务。

现在，迈克的公司已经拥有了六万名各类人才，各个专业都有，可以说，他的公司已经成为有名的人才猎头企业，专业人员均通过合适的分配找到了适合自己的工作岗位，使各自的才华得以施展。当然，迈克的敢想敢做让他成为最大的受益者。

迈克的故事告诉我们：敢想敢做就是拓展自己人生的最佳良药，只有敢想敢做，才能炫出精彩。总而言之，自己要想将人生彻底地转变，不能依靠别人，而应靠自己创造出一些新的想法，并且还要学会如何将自己所想化为实际。

/ 彰显本色，活出真实的自己 /

我们自出生那日起，从学走路到学说话，从学知识到成家立业，我们在几十年的光阴中忙碌地度过，可是，同样是几十年的时间，有的人功成名就，而有的人却平平淡淡一辈子，造成这种差异的真正原因是什么呢？

那些让我们敬佩的成功者如李嘉诚等人，他们之所以在自己有限的生命中做出了具有重大意义的事业，是因为他们从来不会为面临的困境而苦恼，更不会去蹉跎岁月，而是勇于活出自己的本色；而那些平庸者们则在有限的生命中对时间的价值忽略不计，一旦遭遇到失败、苦难、困境，就会心惊胆战，要么选择逃避，要么选择退缩，直到自己的生命将要老去，才发现一切都晚了。

我们的生命是宝贵的，我们拥有的时间也是宝贵的，所以我们每个人都应好好珍惜每天、每分、每秒，而不是活在别人的影子里，却忘了要活出自己的本色。因此，尽管每个人具有不一样的先天条件，但是，千万不可对别人进行刻意的模仿或者盲目崇拜，而是应该寻找真实的自我，真正活出自己的本色。

　　从前，有一位电车车长的女儿，她梦想着日后要成为一名歌唱家，但是她长相不好，嘴巴很大，并且还长着龅牙。

　　有一次，她在新泽西州的一家夜总会公开演唱时，一直试图把上嘴唇拉下来盖住她的牙齿。因为，她想尽量多展现自己的美，可是没想到，最后，她却因此出尽了洋相。

　　有一位男士觉得她很有天分，于是对她说道："坦白地讲，我一直在看你的演唱，我了解你一直在刻意掩饰你的龅牙，你认为你的牙齿长得很难看吗？"听到这里，女孩觉得无地自容，那位男士继续发表着自己的见解："难道说长了龅牙就罪大恶极了吗？不如这样，你干脆大胆地张开你的嘴，其实观众看到了也没关系，你会受到观众欢迎的。再说，那些你想掩饰的牙齿，没准儿还会给你带来好运气呢。"

　　于是，这个女孩便接受了这位男士的忠告，不再去考虑自己的龅牙。从那以后，她只要想到她的观众，就立即将大嘴巴张开，唱得热情而激昂，最终她成为电影界和广播界的当红歌星。

　　此人不是别人，正是凯丝·达莉，后来，也有很多的喜剧演员一直想模仿她呢。

　　我们每个人都有缺点，也有优点，但是，有缺点并不可怕，活出自己的本色才是最重要的。如果看不到自己的价值，只是跟从别人的脚步去走，那只会让自己渐渐地迷失掉。

第五辑 当你活出自己，生如夏花般灿烂

其实，每个人活在这个世界上都是独一无二的，没有一个人与我们是完全一模一样的，而这个独一无二，就意味着每个人都是有特色的。所以我们应该做的是，彰显这种本色，活出一个独特而又顽强的自我。

有部名叫《樱花恋》的日本电影，其中的女主角是位日本姑娘，她想通过医学手段将自己的单眼皮变成双眼皮，她的这一想法却让她的美国丈夫非常恼火。

这位日本姑娘想这样做的目的，其实是为了让自己更像美国人，她自以为只有这样，才能使丈夫认为她更可爱。但事实上，她的丈夫原本喜欢的就是她具有东方气质的那种风貌，也就是说，她的丈夫正是因为她长了单眼皮才与她相恋，并结婚的。

其实，每个人的审美观不同，对长相美貌评判的标准当然也不一样，不过，每个人都有自己的优缺点，与其勉为其难地用医学手段对自己进行改造，还真不如将自己的本色好好彰显一下。有时候，自己与众不同的地方恰恰就是自己的美丽所在，我们不要期望成为别人，应该希望我们最像自己才对。

曾有这样一位美国太太，她在上海一家照相馆拍照，当看到照片时，她发现摄影师竟然修掉了她脸颊上的一块凹下去的印子。由于这位美国太太学的是艺术专业，她看后非常不悦，开始质问摄影师这样做的理由是什么。于是，摄影师连忙解释修掉印子后会更好看，而这位美国太太却说："不管是否好看，那毕竟是我脸上有的东西，你不应该擅自主张将其修掉。"

总而言之，只有真的，才是美的；只有突出亮点，才能彰显自己的本色。若像这位摄影师一样去掉真的部分，那么谈美就无从入手了。如果我们真的爱自己、重视自己，那么我们既不要模仿别人，也不要刻意掩饰自己认为的不足之处，而是应该将自己的本色彰显出来，并且设法让它发光发亮。

/ 相信自己是一座金矿 /

我们每个人都有自己的优点，关键在于，我们怎样认识自己的优点，怎样发掘自己的优点，怎样彰显自己的优点。当我们走到他人面前的时候，一定要昂首挺胸，因为如果连自己都鄙视自己，那么别人又会如何看待我们呢？所以说，要善于从我们自己身上淘金，千万不可看低自己。

其实，只要我们建立了自信，事情就能够办成，自然就会得到成功的结果，甚至有时还会转败为胜。在我们的人生之路上，有的时候，离成功就差那么一小步，偏偏此时我们丧失了自信，结果可想而知。所以说，我们应该始终保持自信，只要大胆地迈出那一步，人生自然就会呈现不一样的色彩。

苏格拉底是古希腊的大哲学家，他在晚年的时候，知道自己时日不多了，于是，他想对身边的这位优秀助手进行一次考验，主要目的是为了点化他。

于是，他的助手被叫到了苏格拉底的床前，苏格拉底虚弱地说道："我的蜡所剩不多了，得找另一根蜡接着点下去，你能懂得我的用意吗？"

他的助手回答道："明白，您的意思是说应该有人将您的思想很好地传承下去。"

苏格拉底继续道："但是，我需要一位最优秀的传承者，这个人不仅要有智慧，还必须有充分的信心和非凡的勇气，你能帮我找到吗？"

助手回答说："您放心，我一定会竭尽全力帮您找到！"

于是，助手从此就开始不辞辛劳地通过各种方式寻找能够继承苏格拉底思想的传承者。然而，令他没想到的是，苏格拉底却拒绝了他领来的一位又一位"传承者"。

有一次，当助手无功而返的时候，此时的苏格拉底已经快不行了，他硬撑着坐起来，说："真是辛苦你了！然而你找来的那些人，实际上都不如……"

助手连忙回答说："我一定加倍努力，就算是找遍整个世界，我也要把最优秀的人选为您找到。"

苏格拉底听后笑了笑，没有再说话。

六个月时间过去了，苏格拉底眼看就要告别人世了，继承人的事却依然没有着落。助手一脸的惭愧："真的很抱歉，是我对不起您，让您失望了！"

"你知道吗？失望的是我，对不起的却是你自己。"苏格拉底失意地将双眼闭上，过了一会儿，才不无哀怨地说："其实，你才是最优秀的，但是你不敢相信自己，所以才忽略了你自己。实际上，世界上的每个人都是最优秀的，最重要的在于，你如何认清自己。"

就这样，苏格拉底这位哲人永远地离开了这个世界，而他的那位助手一想起这件事就后悔不已，甚至自己的后半生都一直在自责。

我们每个人都是如此，真的可以适当地将自己抬升到一定的高度，这是为了避免给自己留下一些遗憾。其实，我们每个人也都有资格去占有属于自己的一个位置，也都值得去享有一些东西，与此同时，我们还需要做的是，要信心十足地为之努力。

在现实生活中，我们每个人都应该将自己的智慧发挥出来，付诸行动，去尽享人生的美妙趣味，当然享受的内容有物质的，也有精神的。无论是生活还是工作，我们每个人都应该有更多更高的追求，只有有了一定的目标，我们才能带着激情，去挖掘自身的那座"金矿"。

那么，我们究竟怎样才能进行恰当的"自我淘金"，开发出自己最优秀的品质呢？这里提供一些有效的方法：

第一，要善于发现自己身上的优良品质，并且认真回答自己，千万不可敷衍了事，要详细地描绘自己，给自己构筑一幅蓝图。

第二，在一张纸上写下你具有的一切优点，也就相当于为自己做一则"自我推荐广告"。另外，还要认真关注自己的内心，将所有不好的杂念排除掉，真正意识到广告中的那个人就是自己，并且坚信自己是与众不同的。

第三，在每一天里，我们都要对着镜子大声地朗读"自我推荐广告"，这样有助于我们清晰地看到真实的自己。其实，广告的作用不仅能使我们的血液循环加速，而且还能让我们的激情澎湃起来。尤其是当我们处于消沉状态的时候，我们就可以选择在心里默默读一遍那则广告，来激励自己，激发"金矿"的无穷力量。

也许，有人并不相信这种小小的技巧能促使自己最后的成功，那是因为，他们不相信心理暗示的巨大影响力，而事实上，我们只要让内心的那个"自我"伟大一些，我们本人就会随之伟大一些。反之，只要内心的那个"自我"渺小一些，我们本人也就会随之渺小一些。总之，遵循以上的方法，可能我们就会将属于自己的那座"金矿"挖掘出来，并且以积极的心态走出人生中的逆境，从而更全面地将自我展现出来。

/ 只要坚持，终将盛放 /

　　在困难面前，凡是那些不懂得坚持的人，在生活和工作中就很难实现自己的梦想，最终也很难有所成就，因为这样的人缺少坚持下去的那份信心和勇气，一旦遭遇挫折，就会变得不知所措。反之，那些懂得坚持的人，在困难面前，却有自己的一套独特方法——勇敢面对，勇于挑战。

　　总之，无论做什么事情，如果不坚持，就一定会输；如果坚持，就会有成功的希望。

　　有一个叫汤姆的男孩，一天，他骑车来到学校，骄傲地宣布自己拥有了最新款的运动自行车。

　　其实，班上除了汤姆以外，所有的孩子都有自行车，这是因为汤姆的父亲一直在生病，他的家境很不好。尽管汤姆从未向父亲要过自行车，但是，他一直都梦想着有一天自己能拥有一款新的自行车。

　　于是，汤姆便开始想方设法挣钱，甚至偷偷地把家里的垃圾给卖了，后来，他好不容易攒到了5美元。但是，购买一辆自行车最少需要100美元才行。

　　一天，汤姆在网上偶然看到了一则消息，拍卖公司要拍卖一批自行车，当他看到这个消息以后非常高兴，并且决定前往购买一辆自行车。

　　在接下来的拍卖会上，去的人很多，当轮到拍卖自行车的时候，汤姆第一个出价，当然给出的价格为5美元，但是，他也只能看着人家以更高的价格买走自行车。后来，在休息暂停期间，拍卖员一下子注意到了这个出价最低的汤姆，问他为何不给出高于5美元的价格，当汤姆如实说出自己仅有5美元时，拍卖员无奈地摇了摇头。

休息过后，拍卖继续进行，汤姆依然给出5美元的价格，同样的结果，最后都被别人以较高的价钱买走了自行车。不过，此时所有在场的人都开始注意汤姆，也读出了他购买自行车的那份期盼。

就在拍卖会要结束的时候，仅剩下了最后一辆自行车，光亮如新，比起杰克那辆车还要好。拍卖员问："有谁出价呢？"这个时候，汤姆只是轻轻地说了一声："我出5美元。"声音虽小，但是所有人的目光都聚集到了他的身上。没有人喊价，直到拍卖员唱价三次后，拍卖员大声说："那么，这辆自行车将属于这位小男孩。"

话音未落，全场一片掌声。汤姆就如同做梦一样，无法相信这是事实。就这样，他用5美元买到了那辆漂亮的自行车，心里感到非常幸福和满足。

其实，对于汤姆而言，他渴望自己能够拥有一辆自行车，并且这种愿望非常强烈，甚至在他几乎没有任何希望的时候，他依然不肯放弃，勇敢地坚持了下来，最终如愿以偿得到了自己想要的自行车。应该说，拍卖会上的每一个人都被他这种精神所感动。

在现实中，我们不难发现，凡是成功人士都经历过一个艰苦奋斗的过程，也都是坚持到最后始终不肯放弃的人。如此看来，成功无须多大的力量，而是凭借一种坚持的韧性。

很多时候，我们如果坚持了，就赢了；如果放弃了，就绝对输了。实际上，是选择坚持还是选择放弃不在于别人，而在于我们自己，我们只要

第五辑　当你活出自己，生如夏花般灿烂

抱定一个目标坚持到底，迟早会走到成功的终点。

所以说，我们要以积极的心态坚信自己的目标一定是可以实现的，然后坚持、坚持、再坚持，同时，还要有不达目标不肯罢休的那种毅力和决心。

亨利·福特在计划制造著名的V8发动机后，立即找来了工程师们，让他们进行设计。然而，当设计图绘制出来的时候，工程师们一致认为在一个引擎内放置8个汽缸是不可能的事情。福特却说："无论怎么样，你们都要想办法制造出来！"

工程师们回答道："可是，这不可能！"

"你们尽管大胆地去做，"福特继续命令他们，"无论花费多少时间，你们一定要做出来。"

就这样，工程师们顶着压力开始工作了，对他们而言，要想继续留在福特公司，也没有其他任何选择。

就这样，半年时间过去了，工作依然毫无进展。又过了半年时间，还是毫无进展。

工程师们应用了想到的每一种方案，但是，最后结果都不可行。

在年末之际，福特来公司检查工作，工程师们告诉福特说，他们没有完成这项任务。

"接着做，"福特坚决地说，"我想要这样的引擎，我一定要拥有它。"

没有办法，工程师们继续工作，终于出现了奇迹——他们成功了。

故事虽然不够详细，但是，已经充分说明了一个道理：对于成功者而言，前方若有困难，只要坚持不懈，就能最终看到希望；而对于失败者而言，一遇到困难，就会立即退缩起来，所以，成功在他们眼里几乎就成了一种不可能。

其实，我们要相信奇迹的发生，不要害怕自己有梦想，也不要害怕自己将目标定得过高，有梦想，才有实现梦想的可能性。另外，我们在实现梦想的过程中，要让坚持成为自己的一种好习惯，就如同我们每天早睡早起，每天喝水一样，因为我们知道，它们是有益于身心健康的。总之，无论我们做任何事情，如果坚持不下去，半路逃脱，就会必败无疑，也只有坚持才会赢！

／ 不要自我设限，远离跳蚤人生 ／

有时候，我们失败了，往往不是因为我们自己不具备相应的实力，而是我们在自己的心理上设置了一个高度，并且默认超越这个高度是绝对不可能的。

有这样一个著名实验，它对"心理高度"现象进行了很好的诠释。

实验者将一只跳蚤放进了一个玻璃杯，发现跳蚤立即跳了出来，如果反复重复进行这样的动作，就有着同样的结果。根据测试，通常情况下，跳蚤跳起的高度可以达到它身体的400倍左右，因此说，跳蚤跳的高度可谓是动物界的跳高"冠军"了。

于是，实验者就又一次将这只跳蚤放进了杯子里，然而，这一次，他马上在杯口加了一个玻璃盖，只听见"嘣"的一声，跳蚤重重地撞在玻璃盖上。这只跳蚤感到很困惑，然而它始终不肯停下来，因为跳是它固有的生理本能，就这样，跳蚤一次次被撞后，变得不再那么笨了，它开始根据盖子的高度来调整自己所跳的高度。又过了一会儿，实验者发现跳蚤再也没有撞击到这个盖子，而是在盖子下面进行自由跳动的动作。

过了一个钟头以后，实验者拿掉了盖子，跳蚤不知道盖子已经去掉了，它依然在原地使劲地跳着；过了三个小时以后，实验者发现这只跳蚤依然在那里不停地跳着。

一天过去后，这只执着的跳蚤依然如故——实际上，它已没有办法从这个玻璃杯里跳出来了。

跳蚤为什么总是跳不出那个玻璃杯呢？那是因为，它始终没能冲破自己默认的空间高度。

实际上，在现代职场中，有不少人也有着这样的"跳蚤人生"，经过自己多次尝试以后，总是不得成功，屡屡失败。一旦自己遭遇这种情况，就不停地抱怨这个，抱怨那个，或者怀疑自己天生不是这块料，等等。

事实上，这些人并没有死心塌地地努力去追求成功，而是一再降低成功的标准，没有给自己制定再高一点的"目标"。就像故事中的"玻璃盖"，尽管实验者取掉了它，但是，跳蚤依然不敢往高处跳，也许是自己习惯了固有的高度，不想再跳了。生活中，也有不少人就是这样，自己甘愿平庸一生，并且十分害怕去突破那个默认的高度。

也就是说，我们每个人都渴望成功，其实你最终是成功还是失败，完全取决于你的心理高度。

1949 年，一位年仅 24 岁的年轻人充满自信地走进美国通用汽车公司，他此次应聘的是会计这个职位，为何他来应聘这个职位呢？是因为他的父亲曾经说过"通用汽车公司是一家经营良好的公司"，所以就建议儿子前去看一看。

在年轻人接受面试的时候，他的自信使助理会计印象十分深刻。在当时，他得知这个职位非常不好做，对于一个新手而言，更是难上加难。可是，这位年轻人心里只有一个念头，那就是，自己进入这家公司以后，将自己超人的规划能力展现出来。

后来，这位年轻人得到了这个职位，面试官也曾经对他的秘书说："我刚刚雇用了一个想当通用汽车公司董事长的人。"

其实，所讲的这位年轻人即为通用汽车公司前董事长罗杰·史密斯。在他刚加入公司的时候，他的第一位朋友阿特·韦斯特回忆当时的情景说："合作的一个月中，罗杰就十分严肃地跟我说，他将来要成为通用汽车公司的董事长。"也正如罗杰所想的，在32年后，他终于成了该公司的董事长。

其实，只要拥有一颗奔腾的雄心，再加上高强度的自我激励，就能真正迈向成功，可以说，雄心和激励是成功的重要保障。与其对往事空怀感叹，不如低头审视一下自己的内心，看一看自己的内心温度是否还在升高，这些能否给自己带来雪中送炭般的光和热。

现实生活中，有不少人不敢去追求成功，而并非追求不到成功，因为在他们内心深处，自己对一个"心理高度"已经默认了，所以自己的潜意识中都只是承认这个高度的存在，而不会轻易去跨越这个高度。如果我们在职场中能够将这个高度的限制突破掉，那么，我们将会获得更大的成功，所以我们应始终坚信：再高一点，我们也能做得到。

总而言之，要热情地拥抱明天，就必须先将今天超越过去。失败并不代表自己的未来，因为失败中的磨炼只会让我们的意志更加坚强，只会让我们学会如何对待那时不时就袭来的风风雨雨！所以，要想让自己站得再高一点，我们就必须抓住分分秒秒，加倍地努力，坚持不懈地进行到底，从而超越自己，让自己飞得更高、飞得更远！

在平淡无奇的生命里挖掘宝藏

小山真美子是日本札幌的一位年轻妈妈，她天生就身材矮小。一天，她正在楼下晒衣服，突然看到她4岁的儿子从8层家里的窗口掉了下来，马上就要落到地上了。

见状，小山真美子飞快地奔过去，赶在孩子落地之前将孩子接在了怀里，结果，她和儿子只受了一点轻伤。

这则消息很快就在《读卖新闻》上做了报道，日本盛田俱乐部的一位法籍田径教练布雷默对此非常感兴趣。他按照报纸上刊出的示意图，仔细计算了一下，从20米外的地方跑去接住从25.6米的高处落下的物体，一个人必须跑出约每秒9.65米的速度才能到达，就是在短跑比赛中，这个速度也是没有人可以达到的！

后来，布雷默曾专门为这件事找到了小山真美子，问她那天是怎样跑得那么快的。小山真美子回答道："是对孩子的爱，因为我不能看着他受到伤害！"于是，布雷默得出了一个结论：实际上，人的潜力是没有极限的，只要你拥有一个足够强烈的动机就能将潜能挖掘出来！

回到法国以后，布雷默专门成立了一家"小山田径俱乐部"，以此激励运动员要努力地突破自我。最终，布雷默手下的一位名叫沃勒的运动员在世界田径锦标赛上获得了 800 米比赛冠军。

当媒体记者争抢着问其如何在强手如林的比赛中夺冠的时候，沃勒轻松地回答道："小山真美子的故事一直激励着我，所以在比赛的时候，我就始终想着，我就是小山真美子，我飞奔着是要去救孩子！"

不得不说，小山真美子能创造短跑速度的奇迹，凭借的是她在瞬间爆发出来的潜力，而沃勒之所以能够夺冠，也是因为沃勒受到了小山真美子救子的激励，也将自己体内的潜能挖掘了出来。如此看来，每个人都具有潜能，它就像一座大"金矿"，蕴藏着无穷的力量和动力。如果我们想要获得事业上的成功，肯用积极的心态将潜能发掘和利用起来，它一定会助我们一臂之力。

一般情况下，有不少人都认为，他人做不到的事情，自己也是一定做不到的。于是，就会习惯性地安于现状，绝不会主动去改变现状，这样一来，潜能自然就得不到开发，并且最可怕的是，它还会随着我们年龄的增长而慢慢消退。

曾有专业人士调查研究，得出了这样的结论："凡是普通人，其实只开发了蕴藏在自己身上 1/10 的潜能，可以说，每个人其实都处于半醒着的状态。"是啊，我们的身体就如同一个宝藏，潜能就蕴藏于其中，只是说我们都未接受过相关的潜能训练，所以，我们的潜能就不能很好地发挥出来。一旦将我们身上的潜能挖掘出来，在我们的人生中就能够起到"点石成金"的神奇作用。

在现实生活中，也只有那些勇于挑战，具有强烈进取心之人，才能将潜能挖掘出来，从而取得辉煌的成就。

大家一定熟知班·费德雯，他在保险销售行业里，真可谓是一位传奇人物。

他在连续数年达到了 10 万美元的销售业绩，并成为大家所追求的、卓越超群的百万圆桌协会会员。

他在约五十年内，平均每年都达到了平均每天将近 300 万美元的销售额。除此之外，他的单件保单销售曾做到了 2500 万美元，甚至一个年度就超过了 1 亿美元的业绩。曾经有过数字统计，在他的一生当中，他共销售出去了数 10 亿美元的保单，高于整个美国 80%的保险公司销售总额。

可以说，在销售保险的历史上，没有哪个业务员能够超越他，然而，他实现的这一切，却是在他家方圆 40 里内，有 1.7 万人，一个叫作"东利物浦"的小镇上创造出来的。

在谈到自己的成功时，费德雯不无感慨地说："我之所以能够获得成功，是因为我有一颗强烈的进取心。而那些对自己的生活方式与工作方式完全满足的人，他们却陷入了一种常规。如果这些人既无任何鞭策力，也没有进取心，那么，他们也只能在原地徘徊。"

潜能成功大师安东尼·罗宾曾经这样说过："并非大多数人命里注定不能成为爱因斯坦式的人物，任何一个平凡的人，只要发挥出足够的潜能，都可以成就一番惊天动地的伟业。"可以说，发挥潜能的程度是由自己的勤奋度决定的，凡是积极进取的人，就能深度挖掘自己的潜能，凡是消极懈怠的人，对任何事情都会报以"得过且过"的态度，潜能自然就得不到开发和利用。

20 世纪的科学巨匠爱因斯坦，在他逝世以后，科学家们便开始研究他的大脑，最终得出了这样的结论：无论是从哪个方面衡量，爱因斯坦的大脑都和常人的一样，并没有什么特殊性。其实，这就说明了一个问题，爱因斯坦之所以能够取得常人不能取得的成就，关键就在于，他超乎常人的那份勤奋和努力。

所以说，不管我们处于人生中的哪个高峰或哪个低谷，都不要陷入满是怀疑、否定的沼泽地里，而是要以积极的心态将潜能挖掘出来，因为无穷的潜能才是帮助我们创造人生奇迹的有力基石。

把问题变成机会

在现实生活中，我们身边总会突发一些事情，在危机来临的时刻，我们需要将整个局面掌控住，争取让"负面"变为"正面"，也就是将一方面的危机转化为另一方面的契机。总之，要对自己有自信才行，将主动权握在手里，用心去捕捉危机中的转机，只有这样，我们才能化危险为平安。

其实，就算是事情有了某些不好的负面影响，我们也有可能寻找到转化为正面影响的契机，只要自己能够稳稳地掌控大局，做到沉着冷静。正如俗话所讲的"祸兮福之所倚，福兮祸之所伏"。关键在于，当危机出现的时候，我们要将问题的根源挖掘出来，一旦有了把握很大的想法，就要积极地付诸行动，只有这样，才能让"危机"变"契机"。

明朝永乐年间，明成祖借着迁都之际，计划将皇宫的规模扩大，于是，集中了全国各地著名的工匠大兴土木。在那个时候，被大家誉为"蒯鲁班"的著名工匠蒯祥被任命为主持这一工程的主要负责人。

工部侍郎一直都很忌恨蒯祥，于是，就在一个雷雨交加的深夜，悄悄溜进了工地，将已接近完工的官殿大门槛的一头锯下来一段。次日清晨，蒯祥来到工地的时候，发现了这件事，便大吃一惊："工期将至，且已经没有可以替换的同样材料。这该如何是好呢？"

要知道在那个年代，如果出了这样的事情，肯定是要掉脑袋的，就这样，蒯祥的处境一下子变得危险了，旁边的人都暗自为他感到紧张。此时的蒯祥觉得着急没有任何用处，还不如想办法设法弥补，关键是要消除这突来的危机。

经过深思以后，蒯祥忽然想出了一个别样的办法，于是，他将门槛的另一头也锯短一段，这样两端就有了相同的长度；同时，又在门槛的两端各做一个槽，这样一来，门槛既可装也可拆。他还准备在门槛的两端各雕刻一朵牡丹花，这样不仅可遮掩两端的槽，而且还能使门槛色彩鲜艳。

工程完工的那一日，明成祖亲自带领文武百官来验收工程。当他看到官殿的门槛是活动的，这可比固定的门槛更加方便；并且，那朵牡丹花也是格外耀眼，于是，明成祖大大赞赏了蒯祥。

可以说，蒯祥当时已处于将失去生命的危机之中，但是，靠着他的聪明和才智，最终化危机为契机。这一巧变，不仅将自己的性命保住了，还在我国的建筑史上留下了一段著名佳话。

如此看来，可怕的并不是危机的到来，而是自己对其存有恐惧、害怕等心理。所以说，在面对危机时，我们必须振作精神、冷静思考，力争将问题的根本点找出，并就此入手，从而让自己实现新一层的飞跃。

通常，那些伟大的成功人士都具有一种勇气，那就是，面对不利的局面从不会怯场，而是积极利用所有可以利用的条件，掌控大局，把不好的变为好的，把危机变为契机。

在杭州的一个小区里，有很多私家小汽车停在那里，但是，让大家意想不到的是，有一天，多辆小汽车却在瞬间惨遭毒手，被利器划得满目疮痍。

很快，就有人报了警，车主们也是非常地愤怒。后来，相关调查人员将小区的监控录像调了出来，在录像里，大家看到竟然是一大一小的两个孩子所为，大的好像是个小学生，小的不过才上幼儿园，只见录像上显示，他们边走边划。

后来，警方也介入了调查，与此同时，网络和第二天的报纸上也都对此事进行了报道。次日下午，突然有一位妇女打来电话说，是她的孩子划坏了汽车。

这位妇女也住在那个小区，在网上看到所住的小区车子被划坏的帖子以后，她认出了录像里的大孩子是自己的儿子，而小的是她同学的孩子。于是，她意识到了这件事情的严重性，在经过冷静思考以后，她开始进行了处理。

她先是打电话给派出所，承认是自己的孩子划坏了汽车，并表示会承担所有的责任。到了晚上儿子放学以后，她便开始询问儿子，儿子低头不语，于是，她对儿子说："你是男子汉，是你做的，就要勇于担当。"

后来，她的儿子承认了此事是自己做的，于是，她又问儿子："如果你的折叠车被人划坏了，你会难过吗？"她的儿子回答说："难过！"然后，她说："你知道吗，人家的车都是花很多的钱买来的，你说人家会不会难过？"儿子连忙说："妈妈，我错了！"

接下来，这位妇女便打印了一份致歉信，向车主们表示歉意，同时，又表示自己会承担所有的修理费用等。另外，还将致歉信在小区门口等处张贴遍了。后来，她又联系了一家信誉很好的汽车修理厂为车主们修补汽车划痕。

紧接着，她领着自己的儿子挨家挨户地向车主道歉，并且让儿子亲自摁响房门铃。每到一家，她的儿子就会说："对不起，我不知道划车的后果这么严重，请你们原谅我。"于是，车主们都原谅了这个孩子的行为。但是，这位母亲依然告诉儿子说："叔叔阿姨都很宽容，原谅了你，但你要永远记住，千万不要把别人的宽容当成自己犯错的借口，你要敢于担当，懂得感恩，懂得负责任。"

就这样，一场大的危机，这位母亲却处理得如此果断、如此勇敢，她带着儿子成功地化解了一场危机。她作为孩子的母亲，一直都没有将责任推卸出去，更没有逃避退缩。

最后，她圆满地解决了这件事情，车主们也都很满意，最关键的是，她的儿子真正认识了错误，不仅学会了担当，而且还获得了大家的原谅。

所以，在实际生活中，我们要勇于去改变危机，善于发现隐藏在其中的转化契机。总而言之，我们只要将掌控全局的方法掌握于心，就能够将负面的变局化为正面的转机，从而将逆境跨越过去，重新开始，与此同时，我们的智慧和才能，也都将获得一个很好的锻炼机会。

第六辑

当你内心安然
每一寸时光都是欣喜

世界再繁华，也要守一份宁静安然，平平淡淡，简简单单，看淡世事沧桑，内心安然无恙，每一寸光阴都是最美。

/ 苦恼再多，也要淡然面对 /

在现实生活中，我们常常见到这样的情境：有的人一旦觉得自己怀才不遇，或者遭受到感情的打击，总是想快点一醉方休，试图以酒精麻醉自己的神经，次日醒来，却发现不如意的事还在，痛苦依然存在心里。实际上，像这样借酒消愁只能将人的意志力消磨掉，而不会让自己富有激情地去面对明天。

其实，不管现实有多么不顺心、多么不如意，我们都要学会自己安慰自己。只有这样，我们才能把自己从痛苦中救赎出来，才能彻底地解决所遇到的难题。曾经有人说过："一个人磨砺的次数越多，此人就越成熟、稳重。"确实如此，人生之路上的各种不愉快，都是对我们自身的一种心灵考验，否则，人生之路反而显得不完美。

当我们感到伤心、难过的时候，不妨这样想：无论天气是阴还是晴，无论碰到了福事还是祸事，一切都终将过去，而我们需要做的是，笑对得失，笑看风雨，笑看人生。

爱丽斯遭到男友的抛弃之后，请教一位大师指点，她对大师说："我心里很愤恨，他活得竟然还挺好的。我的内心无法平静，我该怎么办？"

听罢，这位大师就给她讲述了一则寓言故事：

"有这样一个人，在鱼缸中养了一条非常名贵的金鱼。有一天，鱼缸不小心被打破了，这个时候，这个人面临着两种选择，一种选择是站在鱼缸前诅咒、怨恨，亲眼看着金鱼失水而死；另一种选择是赶紧拿一个新鱼缸来救金鱼。如果换作是你，你该如何做呢？"

爱丽斯回答道："当然是赶快拿鱼缸来救金鱼了。"

大师缓缓地说道："非常正确，你应该快点拿鱼缸来救你的金鱼，给它一点滋润，先将它救活，然后丢弃掉被打破的鱼缸。一个人只有放下了诅咒与怨恨，才能真正懂得爱是什么。"

爱丽斯听完以后，脸上带着微笑，欢喜地走了。

在实际生活中就是这样，如果不懂得自己安慰自己，实质上就是自己故意和自己过不去。所以，千万不可一遇到不如意的事情就计较个不停，一条道走到黑。反之，如果心胸豁达一些，性格开朗一些，很快就会平复澎湃着的那颗心，从而让自己快乐起来。

有一句话叫作"难得糊涂"。在我们做人、做事，与人交往的时候，要多以此进行自勉。要有度量，能够容人，这样一来，你就会拥有不少的朋友；如果心胸狭窄，只去审视别人的缺点，眼里容不进半粒沙子，这样一来，就算是以前的朋友也会离你而去。

从古至今，凡是那些成功人士，都具有一种相同的品质——团结大多数人，忍人所不能忍，善于求大同存小异。不管遇到多么不如意的事情，总是大处着眼，而不会目光如豆，在一些琐事上纠缠过来纠缠过去，正因为如此，才能最终成就自己的不平凡之路。

我们要学会多安慰自己，不必太在意得与失，而应该重视失去后的另外一番风景。如果失去了鲜花遍野的春天，我们还会拥有雪白如画的冬季；如果我们遭到了失败，还可以从原地爬起来，选择继续向着成功行进。总之，一个人要想洞察人生的全部内涵，真的不能太较真，即便苦恼再多，也要学会以一颗淡然的心去面对，适当地进行自我安慰。只有这样，我们才能活出自己的潇洒，才能于阳光明媚时，或灯火阑珊处觅得世界的美丽景象。

接受所有不如意，美好就会到来

倩倩是家中的独生女，她的爸爸妈妈都是知识分子，对女儿抱有极高的期望。所以，倩倩从小受到的教育要优于别人，学习成绩一直都很好。

然而，在一次期中考试前，倩倩患了重感冒，因受此影响，所以有一科没能考好，结果，后面的其他科考试成绩都不佳。虽然倩倩此次没有考好。但是爸爸妈妈并没有责怪她，反而鼓励她，而倩倩却满脸的不悦。

自此，倩倩开始变得沉默寡言、闷闷不乐，无论在何时，都是一副打不起精神的样子。同时，她的妈妈还发现，女儿的饭量也减了许多。

特别是最近几日，倩倩还故意找出各种理由，推脱去上学的事。妈妈说，要带她去医院，她也显得很不耐烦。无奈之下，她的妈妈只好跟老师请了假，而倩倩在家里的表现却是，一个人闷在小房间里，到了吃饭的时候才肯走出房门。

倩倩的妈妈见状很是不安，于是，给班主任老师打了个电话，询问女儿的近况。妈妈很快得知，倩倩自那次期中考试以后，就像是变了个人似的，也不爱和同学们进行课外活动，上课的时候还经常走神，学习成绩也迅速下滑。

倩倩的种种表现说明她已陷入了抑郁的旋涡而拔不出来。实际上，每个人在日常生活中都会遇到不开心的事情，比如，考试成绩不好、不得不承受亲人离世之痛、无意中犯了错、与同事或朋友闹矛盾，等等。每当这种时候，我们的内心就会感到失落极了、无助极了。

也许有人会说："为了不断超越自我，我早生了华发。"也许有人会说："为了追求工作的完美，我抑郁不堪。"也许有人会说："为了将孩子打造得百分百成功，我无法安睡"……其实，男人有男人所谓的事业，女人有女人所谓的事业，事业让我们每个人踌躇满志的同时，也会给予我们无形的压力。尤其是男人，在众人的眼里，买房子、买车子倒成了他们应背负的责任，因此男人们有时活得不堪重负，人还没退休，就已将自己折腾得浑身是病。

现在，很多人都感觉幸福指数不高。实际上，生活于世，就像轮船航行于海上，怎么会不留下一些伤痕呢？对我们来说，有的压力来自于社会，有的压力来自于家庭，还有的压力来自于自己。不管这些压力是来自哪个方向，又去向哪里，我们都要有一颗从容、享受快乐的心，而不要让一些不良情绪残忍地吞噬掉我们那颗脆弱的心，真的不要等到我们喊"腰酸背痛腿抽筋"的时候，才想起要去好好享受生活。

记得有位明星曾经说过这样四个字"使劲喜欢"，其实，简单的四个字却道出了生活中的一个朴素真理，我们每个人几乎都将自己的时间用在了如何谋求更多的物质上面，而忘记了去"喜欢生活"。是啊，一个人如果没有了"使劲喜欢"的心，只知道每天使劲地挣钱，那么活着还有什么价值和乐趣。

　　总之，我们要想将福气纳进来，就必须认识到伤痛在所难免的事实，更要认识并掌握摆脱伤痛的方式、方法。对此，有几种简单而有效的自我调节的方法，我们不妨做一个参考：第一，要多放声大笑。因为笑会牵动脸部肌肉，从而使相关神经传递快乐信号给大脑，进而赶跑不快；第二，要多运动。因为运动不仅能减轻人精神上的痛苦，还能让人心理上获得"完成感"和"控制感"，进而赶跑痛苦；第三，要多参加社交活动。因为人与人之间的交往更容易让自己走出孤独，要知道，交友本身就能使人放松心情；第四，要学会让积极替代消极的角色。一旦意识到自己有了消极情绪，就及时将其记录下来，进而用积极情绪去做替代。

　　总而言之，我们需接受遭遇痛苦的事实，进而告诉自己：一切不如意都会过去，所有美好都将到来。相信，在这样一颗淡定、安然的心的支撑下，我们的路会越走越开阔，我们的明天也必将越来越美好。

让自己变得更好

　　在实际生活中，有的人一旦遇到不如意的事情，或者受到别人的冷嘲热讽，或者遭到别人的白眼，总是牢牢地铭记在心，甚至发誓一生都不会原谅别人。殊不知，自己如刺猬般地用冷冷的刺将自己保护起来，其实是一种自己迟迟不肯打开心结、无法原谅自己的表现。

　　曾经有一则故事：

当你和世界不一样

　　从前，有一位智者，他在每一年里都会详细地记下两份账单，其中一份账单上罗列着自己在一年中犯下的所有错误，另一份账单上则记录着自己在一年中遭遇的所有不幸。

　　每到年末的时候，他总会拿出其中的一份账单，看看自己所犯下的错误，再看看上天给予他的一切惩罚，他总会跪下来说："老天爷，原来我在今年犯了这么多的错误，但您也给了我许多不幸作为惩罚，所以，我决定原谅您，同时我也真切地希望您能原谅我！"

　　故事尽管看起来很简单，但是却具有深刻的寓意。它告诉我们：在期待别人原谅自己的同时，必须先要做到真正地去原谅别人。换句话说就是，原谅别人，也就是原谅自己。

　　有人曾经说过，生活就像一本书，只有自己去翻阅，才能真正读懂。在实际生活中，我们都会遇到很多自己无法预知的挫折和磨难，关键在于，我们的内心能否如大海一样"容人不能容"之事，是否真正承受得起生命之重。其实在很多时候，只要我们怀揣一颗善良的心，不计较别人的不足与过失，生活就会太平无事。

　　小曼在同事的眼里是个幸福的小女人，老公对她也是疼爱有加，女儿也很乖巧，很惹人喜欢，夫妻俩都在事业单位上班。每次，一家三口到户外散步的时候，总是引起路人的羡慕。

　　然而时间不长，不幸的是，小曼的老公因车祸不幸离开了人世，留下了年幼的女儿和年迈的公公婆婆全由她一人抚养、照顾。小曼为老公的离去伤心欲绝，整整躺了三个月，靠着每天输液才使生命得以维持。

　　由于小曼想让女儿有一个好的未来，所以她振作起来，离开了伤心之地，独自到一个城市打工去了。

几个月过后，小曼因为无法忍受女儿整天在电话里哭闹，只好又回到原来的地方去上班。但令她意想不到的是，公公婆婆拿走了家里的所有财产，包括房产证、金银首饰、丈夫生前的存折。为此，小曼并未深究："老公已经不在了，我还要那些东西做什么呢？"

就这样，她梳理好心态以后，就照样上班、下班，照顾孩子，侍奉公婆。后来，她的公公因突发脑溢血瘫痪住院，没有办法，为了给自己的公公看病，小曼到处向人借钱，内心无一点怨言。

就在小曼的公公出院回家的那天，她的婆婆将房产证等都拿了出来，交到小曼的手上，流着泪说："好孩子，妈妈真是错怪你了！"而小曼却淡淡地说："这件事我根本就没有记在心上，照顾您是我应该做的，放心吧，我此生会将你们当作我的亲生父母来侍奉的。"

小曼的故事告诉我们："人非圣贤，孰能无过。"在生活中，千万不可斤斤计较，应该做到容忍别人的行为，并且还要学会原谅别人犯下的过错。其实，生活中也有不少爱较真的人，只要别人做了与自己利益相冲突的事情，就寸步不让"战斗"到底，纯然将自己扮成了一位"怨妇"，久而久之，一颗自私的心就会更加自私，一副没有温情的面孔就会更加冷漠。

说到底，不管是社会关系还是家庭关系，在很多时候，人与人之间少了非常必要的沟通，只要沟通及时，双方相互间的理解自然就会多一些，宽容也会深一些。要知道，"人心都是肉长的"，如果你以宽广的胸怀谅解别人，或者在关键时刻给了别人一个"台阶"，那么别人自然就会看到你为人的那份真诚和热情，自然也就会在心里留下感恩的印记。

著名作家列夫·托尔斯泰曾经说过这样一句话："生命的唯一目的是

要变得更好。"实际上，这位作家眼里的"更好"不只是指一些外在的美好和物质的富有，而是应回归到人的内心深处——一个沉静的角落，用心细细地感受生活中的美好。

总之，我们在生活的岁月中，不可能没有犯下过错误，当然也遭受过苦难，假设我们每个人都做一个智者，每年给自己记上具有不同内涵的两份账单，积极地去原谅别人。这样一来，我们也就原谅了自己，我们的心灵也会很快脱离地狱般的煎熬。

/ 不要抱怨这个世界 /

在古代的时候，人们如果想杀掉一头熊，就会使用这样的方法，即将一根沉重的木头吊在一碗蜂蜜的上方，熊想吃蜂蜜时，就必须将这根木头推开，但这样一来，木头就会荡回来撞熊；熊一旦被激怒，就会更加使劲地将木头推开，而木头也更猛烈地撞击它，周而复始下去，这头熊很快就被撞死了。

这个故事蕴含的道理非常明了：人活一世，不能像笨熊那样整天生活在愤怒和怨恨中。

如果一个人整天活在恩恩怨怨中，也许对方给你造成的伤害仅有一次，然而，怀有怨念的你会不停地想、不停地怨，就仿佛已被伤害了很多次一样。总之，当碰到不顺心的事情时，应迅速将一切怨念扔到垃圾桶里，活在当下，如若不然只能是苦了自己。

曾经有人问苏格拉底："苏格拉底先生，你是否听说过——"

"等等，朋友，"苏格拉底很快就打断了对方的话，"你是不是能确定你要告诉我的话全部都不是假的？"

"不能，我仅仅是听人说而已。"

"原来是这样，那我就没有必要听下去了，除非那是一件好事。我问你，这件事是否是好事情呢？"

"是坏事情！"

"这样一来，我可能就没有知道这件事情的必要性了，这样至少还可以避免贻害他人。"

"那倒也不是——"

"如果是这样，那么好啦！"苏格拉底最后说道，"我们都尽快忘却这件事情吧！人生中有那么多有价值的事情，我们真的没有时间来听这既不真又不好，并且大可不必知道的事情。"

在我们平时与人相处的过程中，人和人之间发生矛盾和磕碰是很正常的，自然也会有一些令我们不满的事情发生。比如，我们努力工作了很多年，却每个月依然领那点微薄的工资；当我们因并非自己的过错而受到他人批评的时候，我们心生抱怨，等等。可以说，大小矛盾在生活中是无处不在的，所以，自己被人误解，生活中受到委屈，心灵受到伤害，就成了常见之事，无论怎样，我们都要学会独自默默承受，清除一切怨念，从而学会遗忘，快乐地活在当下。

具有庞大规模的爱迪生工厂曾于 1914 年 12 月 9 日的晚上，遭遇大火，工厂几乎全毁了。那一晚，老爱迪生一下子损失了 200 万美元，可以说，他之前所有的辛苦都付诸东流。更令人伤痛的是，由于建筑厂房的材料原本就具有防火功能，所以工厂的保险投保额不多。

那个时候，查尔斯·爱迪生正值 24 岁，他的父亲当时已有 67 岁了。当他慌张地跑来跑去找父亲时，发现父亲站在火场附近，在寒风中，他看到了父亲通红的脸和满头的白发。当时，爱迪生顿时意识到，父亲已经不再年轻，他一生的心血就这样被一场无情的大火毁掉了。但是，父亲一看到儿子就大喊着："查尔斯，你母亲呢？"爱迪生说："我不知道。"父亲又在叫："你快去找你的母亲，她此生不能再见到这种场面了。"

次日清晨，老爱迪生走过火场，看着这场大火摧残后的情景时却说："这场火灾绝对有价值。我们所有的过错，都随着火灾而毁灭。我对上帝表示感谢，因为我们可以从头开始。"

三个星期以后，也就是那场大火之后的第 21 天，爱迪生将世界上第一部留声机制造了出来。

正是老爱迪生的乐观和不抱怨感染到了自己的儿子，试想，如果爱迪生与父亲心态相反，整天活在抱怨"这场大火"的情绪之中，怎么会有留声机在不久之后的诞生呢？

在现代生活中，十个人里就会有八个人爱抱怨，一旦事情的发展和自己的想法不够吻合，就会抱怨个不停。转瞬间，好似整个世界都将其抛弃了，这样的人，不但不能以乐观感染他人，还总是不受任何人的欢迎。

事实上，一个人喜欢抱怨，只能说明他是一个没有任何能力的人。应该说，抱怨无任何实际价值，只会消磨掉自己的乐观和自信，它就像是在一个人的鞋子里灌满了沙子，让人走起路来举步维艰。

凡是那些爱抱怨的人，还总会觉得自己就是生活中的强者。如果自己感到怀才不遇，他会说："社会对我不公，而不是我的错。"如果自己工作上遇到不顺心的事，他会说："这项任务执行起来太难，根本不适合我！"如果生活中遇到了不幸，他会说："老天从不偏袒我，我实属无奈！"总之，那些不肯将怨念及时扔掉的人，总会为自己开脱，给自己寻找一个合适的借口。

反之，那些从不抱怨，懂得自己努力的人，却总会以一种乐观、轻松的心态面对眼前的一切。因为他们懂得放下的大智慧、大道理，所以，也会很快融入任何一个快乐的圈子。

实际生活中，人们也总是很欣赏那些不爱抱怨，十分乐观的人，欣赏他们在困难面前表现出的那份泰然、那份自信。与乐观者在一起，总是很快就会感觉到，生活突然也跟着变得美好起来了，不幸也乖乖地藏匿起来了。

所以说，从此刻起，就让我们消除一些怨念吧，将它们果断地扔到垃圾桶里。因为人不能每天活在不停地抱怨里，而是应积极面对所有不如意的事情，勇敢面对自己的人生，只有停止抱怨，我们才能乐观地生活，乐观地做人，乐观地处世。

抱持一颗慈心，坦坦荡荡

无论做任何事，如果以愤怒作为起点，那必定会以耻辱告终。也就是说，如果一个人不能很好地克制自己的坏情绪——愤怒，那么胜利很快就会从自己身边溜走，自己也会很容易被他人打败。人要学会克制自己的愤怒，只有将自己的愤怒控制住了，才能掌握自己的人生。

伍德赫尔是美国钞票公司的总经理，对于制怒，他有一套自己的有效方法。

他年轻时，在一家公司任职，但是他的职位并不高。对于这一点，他心里非常不满意，因为别人并不怎么重视他，自己升迁的机会也较少。伍德赫尔对此感到越来越愤怒，可怕的是，这种情绪还在不断扩张，以至于到了他觉得非离开这个鬼地方不可的地步。

后来，他计划离职，于是他用红墨水将公司领导们的缺点全部罗列在一张单子上，随后将其拿给自己的一位老朋友看。

这位老朋友看完以后，让伍德赫尔拿来一种不同颜色的墨水——黑色墨水，又让他将这些人的优点也全部罗列在这张单子上，以及将自己的才能和十年以后的具体目标都写出来。

当伍德赫尔对比了这张单子上两种颜色字体以后，顿时，他的一切愤怒神奇地削减了许多。因为他冷静地看清了所有事实，最后他决定——要继续留在这家公司。

每当提及这件事的时候，伍德赫尔总会说："此后，无论我遇到什么样的事情，心里有多么地愤怒，我都会克制一下自己，坐下来将我所要说而不敢直说的话都写下来。每当写完以后，我就会如释重负。逐渐地，我身边的同事都认为我具有一种很强的自制能力。不仅如此，我还总是劝告他们，一定要学会控制自己的愤怒，而不要做情绪的俘虏。这种因为克制而生出的理性，才是我们真实自我的体现。否则，我们就会被情绪打败，到头来也只能迷茫于处处和我们作对的世界了。"

　　我们不难发现，在现实生活中，也有不少人，特别是年轻人每当遇到让自己感到不满的事情，有了不满情绪，不去克制，而是任由这种情绪越长越烈，进而演化为愤怒。不用说，这样一来，不但自己一肚子怒气，连同周围的人也必然生出不悦，使彼此的关系变得紧张起来。倘若每个人都具备了伍德赫尔"善于克制自己"的能力，我们就会避免很多不必要的麻烦。

　　当然，我们每个人都是凡人，在愤怒激发的时候，也很容易放纵自己的内心，从而将理智丢掉。而实际上在每个人的灵魂和肉体里，都蕴藏着一种主宰自我的力量，那就是克制力。其实在很多时候，有的人淡定自如地面对工作和生活，而有的人却整天焦灼不安，根本区别就在于是否被情绪所左右。

　　一旦外界事物激怒了我们，我们就需要仔细分析自己在其中所产生的影响，多反省、多检讨自己。否则，我们就很容易被这种愤怒所牵制，从而摧毁我们在生活中的种种事物，也只有控制住愤怒，将自己的克制力逼出来，我们才能有成就事业、完善自我的希望。

　　有一只青蛙，嘴里咬着一根木棍，木棍的两头由两只大雁叼着，就这样，青蛙顺利地被带上了天空。

　　当它们飞越一座村庄时，却听见有人说："大雁好聪明呀，竟然能将青蛙带到远方！"青蛙听后，心想："这人笨得出奇，竟然看不出这个主意是我出的。"

　　接着，它们又飞越了另一个村庄，却听见有人说了同样的话。此时，青蛙流下了眼泪，心想："这世上的傻瓜怎么这么多？"

　　当它们越过第三个村庄的时候，听见人们也都是赞扬大雁，而非青蛙。此时，青蛙再也抑制不住内心的怒火，便大声地吼道："你们这群傻瓜，我要告诉你们，这可是我出的主意！"可是，青蛙话音刚落，它就从空中摔了下去。

当人们找到青蛙的残骸时，都叹息道："对名利的追求克制不住，结果连性命也搭上了，这才是地地道道的大傻瓜呀！"

故事引申出的道理是：每个人在走向成功的路上，主要不是看其力量的强弱，关键是要看其克制力怎么样。确实如此，每个人的一生中都不可避免地会遇到很多事情，我们会在不少情境下因自己的贪欲之心而愤怒，但如果懂得克制自己，要想获得心灵上的安宁还是没问题的。

老子曾经说过："见欲而止为德。"有些人就是因克制不了内心的怒火，不能完全克制住自己的欲望，才会陷入无穷尽的贪欲之中。相反，如果我们都抱持一颗慈悲心、平常心、律己之心，就可以将欲望的纷扰弃之一边，坦坦荡荡地活在这个世界上。

总之，我们的工作和生活无时无刻不在诠释着有效制怒，懂得克制，才能拥有没有缺憾的人生，并且完善和成就自我。

/ 学会情境转移，赶走坏脾气 /

在实际生活中，有很多人会因为一点很小的事情变得易怒，甚至任其放纵到无法自制的地步，却从来不去想如何跟坏脾气"过招"。事实上，易怒即为性情急躁，有害于我们的身心健康，也被归入了疾病的行列。因为"发脾气"这种过度激动的情绪，会伤及人的肝脏，若想有效地对付它，须学会以下这些妙招：

第一，找出自己发脾气的根源。比如，一遇到挫折就会抱怨和寻找发泄口；一丝一毫的事情都会牵动自己敏感的神经；凡事不听任何人的劝说，特别是在情绪激动时；缺乏幽默感，一听到不满的话语就要找对方吵架，等等。总之，一旦找到发脾气的根源，就可以对症下药。

第二，大哭一场不失为明智之举。当感觉自己强压不住怒火的时候，可以选择大哭一场，要知道，"哭"并非仅是小孩子的专利。正如有句歌词是"男人哭吧哭吧不是罪"，连男人都哭了，女人就更有理由找个安静的地方大哭一场了。确实，哭不仅可以增强自己控制情绪的能力，而且还可以提高自己控制脾气的能力。

第三，设法提高自身素质。人活一生，应以一颗容人之心坦坦荡荡地做人做事，对形色各异的人都要心平气和，宽容大度，不做斤斤计较的鼠目寸光之辈，而要做"肚里能撑船"的宰相。在自己感到不满，发现对方有错的时候，不妨用委婉之词去温馨地提醒对方，而不要采取攻击性的语言去刺激对方。古人说得好"容人才能容己"，只有提升了自身素质，才能更好地对付自己的坏脾气。

第四，要正确看待自己的坏脾气。世界上最可怕的事情是，自己明明有坏脾气，却拒不承认，视而不见。因为只想着一味逃避自己的坏脾气，就不会对它进行很好的控制。每当坏脾气袭来的时候，先要承认自己的弱点，再剖析自己发脾气的根结是什么？自己为何动怒呢？然后设计出适合自己的方法将其克服掉。

第五，看人看事要换个角度。我们每个人的心里都有一个小"算盘"，也总会身不由己地为自己的利益考虑一番，陷入自私的倾向，从而催生了

当你和世界不一样

坏脾气。不管是遇到了自己不满的事情，还是遇到了让自己不满的人，我们都要试着学会换位思考，也许心胸会顿时豁然开朗，自然就多了一些理解，少了一些坏脾气。

除此之外，我们要对付自己的坏脾气，还有几种重要的自我调节法：

理智控制法。当一个人要发脾气的时候，一定要记得让理智先行一步，与此同时，自己心中默念："坏脾气只会摧毁了我自己，而没有任何实际作用。"当然，也可以给坏脾气下逐客令："走开，我一刻也不会容你！"然后，有意识地让自己去坚持，因为"坚持就是胜利"。总而言之，是让理智去替换情感。

时间推迟法。我们很多时候发脾气往往都是因为来自周遭人的一个眼神、一句话、一个误解，当这些东西刺激我们愤怒的时候，我们要试想一下，如果时间往后再推迟一周、一个月、一个季度、一年甚至几年，我们还会对此这么在意吗？

情境转移法。当坏脾气陡起的时候，我们便会习惯性地对令自己不满的人和事越看越烦，这个时候，我们不妨让自己的怒气"溜之大吉"，逃离令我们愤怒的情景，选择去打球，去购物，去吃吃喝喝，等等，让自己的心情恢复平静不能不说这确实为上策。

目标升华法。要知道，坏脾气的威力可不小，当然如果处理得当，就可以将其转化为成就事业的强大动力。也就是说，如果一个人树立了远大的理想和目标，就需要全身心的精力，我们为了成就事业绝不会让平时的小事牵绊住我们对事业的追求，久而久之，我们就养成了不计较得失的好习惯。

曾经有人说过："把别人当自己看，把自己当别人看。"只有做到了这一点，自己才能得到别人更多的尊重和理解，自己才会传送温存、热爱、体贴给他人，自己才会心平气和地做人做事，不至于怨气频发。无论自己的坏脾气与暴风骤雨是多么地相似，我们都要采取适合自己的招数和调解法去避免它的爆发和蔓延。或者找家人谈心，或者和朋友去散步，或者去健身馆，或者去游泳，总之，要采取各种自己喜欢的方式让自己的心沉静下来，将坏脾气的能量释放掉，还自己一颗平静的心。

勿将钉子"钉"向他人的心里

在这个节奏飞快的社会里，有很多繁杂的事情会侵扰到我们的情绪，使很多人无法控制自己的情绪，无法抑制自己的坏脾气，进而无法掌控好自己的人生之路。这些人不知道，只有管好自己的坏脾气，才能将命运的绳索攥在自己的手心里，才能活出真实的自己。

所以，每当我们大发脾气的时候，我们就应该给自己一个安静的处所，想一想，坏脾气的影响究竟害了谁？可以肯定地说，既伤害了别人，也伤害了自己。所以说，我们要远离愤怒、远离忌妒、远离坏脾气，让积极的念头掌控我们的行为。

有一个小男孩，很任性，他一天到晚在家里发脾气，常常摔坏家里的瓶瓶罐罐。

一天，这个小男孩的父亲将儿子叫到后院的篱笆旁边，说："儿子，从今以后，你一旦跟家里人发脾气，发一次就在篱笆上钉一个钉子。一段时间过后，你再去看看你发了多少次脾气，这样如何？"小孩子心想：
"我才不怕呢，那就实际看看吧！"

就这样，小男孩每发一次脾气，就自己往篱笆上钉一个钉子。一天时
间过去了，他过去一看："哇，竟然是一堆钉子呀！"顿时，他心里有些
惭愧。

他父亲对他说："从今天起，你每做到一整天不发一次脾气，你就从
篱笆上拔下一个钉子。"小男孩回答道："好吧！"就这样，为了拔除篱笆
上的钉子，小男孩就刻意地克制自己不去发脾气。

在最开始的时候，小男孩觉得自己很难做到，但是等到他把篱笆上所
有的钉子都拔光了的时候，他顿时觉得自己终于学会了如何克制自己，于
是，他开心地找到父亲说："快去看吧，我拔光了篱笆上的所有钉子，我
再也不发脾气了。"

小男孩的父亲跟着儿子来到了篱笆旁边，意味深长地说："儿子，你
看，你虽然拔光了篱笆上的所有钉子，然而那些洞却永远都消失不了了，
其实，你每向你的亲人朋友发一次脾气，就等同于钉了一个钉子到他们的
心上，尽管你能做到事后向他们道歉，但是那个洞却无法磨灭掉啊。"

是啊，在任何时候，我们都需要记住：勿将钉子"钉"向他人的心
里。该故事中的一句"那个洞却无法磨灭掉啊"说得非常正确，也许自己
脱口而出的一句刺耳、尖刻的话就很容易刺伤他人的内心，使对方感到无
比痛苦，更重要的是，自己伤害别人的同时，这个痕迹也深深地烙在了自
己的心上。

如此说来，坏脾气真的是害人害己。其实，我们每个人都不愿意看到
他人和自己的心灵上被"钉"得千疮百孔，所以我们每个人都应该谨言慎

行，注意自己的一言一行，一举一动，并且，最重要的是，控制好自己的坏脾气，因为诸多危害均是坏脾气惹的祸。

事实上，在我们的实际生活中，也有不少因坏脾气的爆发而给自己带来麻烦和危害的例子，比如，因脾气不好而与上级发生冲突，从而丢掉工作；因坏脾气未能收敛住而急速驾驶车辆，从而导致事故发生；因坏脾气而和家人引发冲突，从而陷入孤独，等等。不管是哪一种危害，自己都是深受坏脾气之害的。

如此看来，坏脾气可以导致这么多的不良后果，因此，我们千万不要图一时之快而伤及自己的父母、自己的亲友、自己的爱人、自己的老师等。因为你的坏脾气不仅会使关心你、爱护你的人们受到或深或浅的伤害，自己的内心也会留下无法磨灭的伤痕。为了使我们的生活平静如水，我们应该收敛起自己的坏脾气，从而淡定自如地处理好每一件事情。

谦让一下，退一步海阔天空

有一天，孔融的父亲买了一些梨子，特意从中选了一个最大的梨子给孔融，而孔融却使劲儿地摇了摇头，随手从中挑选了一个最小的梨子，说道："我是年龄最小的，当然就应该吃最小的梨，那个最大的就给哥哥吃吧。"父亲听完孔融的话，心里十分开心。

很快，这个"孔融让梨"的故事就传遍了整个曲阜。

至今，这个故事依然是不少父母教育孩子最好的范例。俗话说得好"径路窄处，留一步与人行；滋味浓时，减三分让人尝"。可以说，谦让是人们所应具有的美德之一，我们生活在同一个社会大家庭里，就应该时时刻刻懂得谦让，这样才不会出现大的矛盾和争执。

凡是具有大智慧的人，都会以谦让作为自己的做人原则，因为只有以此为本，才能更好地保护和成全自己，才越能赢得他人的尊重。

张家是当朝显贵，他家的邻居吴氏，也不是什么普通的百姓人家，在桐城县也是出了名的富贵人士。张家和吴家中间留出了一条空隙作通道。一日，吴家想盖房子，就有了"要占用这条通道"的想法，这样一来，张家自然就会反对，很快和吴家起了争执。

在两家互不相让的情况下，吴家很愤怒，将张家告到了县衙里面。县令一看，两家都是当地的有名人士，任何一家都不能得罪，所以十分为难，就迟迟未决。

张家觉得自家有理，于是就速速写了一封信差人送往京城，向自家人张英告状。要知道，在当时，张英是文华殿大学士，与"宰相之职"同一级别。其实，张家的意思很明显，就是让张英对自己家里的人袒护一下。

然而，张英却没有刻意去袒护张家，认为两家真的不值得为一堵墙争执。于是，张英就提笔给家里人回信说："千里修书为一墙，让他三尺又何妨。万里长城今犹在，不见当年秦始皇。"按照现代语来讲，意思就是说："你们千里迢迢写这封信，就是为了争一堵墙的事情，即便是退让给他三尺之地又有什么关系呢？你们要清楚，那万里长城到现在还在那里，但是你们能看到秦始皇吗？"其实，张英的意思就是劝家里人不要因一点小事和吴家争执不休，应礼让三分才是。

张家人收到张英的书信后，心里十分惭愧，立即让人又将自己家的院墙向里移了三尺。见状，吴家人非常感动、惭愧，也赶紧让人将自家的院墙向后退让了三尺。于是，在张吴两家中间就形成了一条巷道，宽为六尺，此事被人们传为美谈。

听完这则故事，可能会有许多人感到困惑，尤其是在现代社会中，"谦让有何好处，即便是我谦让了别人，别人会反过来谦让我吗？"实际上，在这个故事中却蕴含着谦让的智慧。如果你遭受了挫折，过来向你伸出援助之手的人一定有那些你曾经谦让过的人，这正是谦让别人所得到的好的回报。而不懂得谦让别人的人，在自己遇到困难的时候自然不会获得他人的帮助。因此，谦让不仅是一种美德，而且还能让当事者获得相应的回报。

在实际生活中，尤其是在同一家公司工作的人，或者在同一个小区居住的人，上级下级，楼上楼下的，难免会因一些小事发生摩擦。人们往往会为了自己的一点私利，与对方闹得鸡犬不宁，事实上，根本没有必要在意和计较所谓的名和利。人生其实很短暂，两个人能够相识、相见就是一种缘分，如果谁都不懂得谦让，那只会让双方都陷入尴尬和不悦的心境。

"退一步海阔天空。"人和人之间的交往贵在谦让，因为谦让能折射出做人的境界高低。特别是在公司和同事关系紧张的时候，谦让就如同一汪溪水，浇熄我们心田的那团火；当和他人发生矛盾的时候，谦让就如同一剂良药，清醒我们的大脑。一个真正活得有价值的人，一个懂得如何轻松活着的人，不管遇到哪种困难，都明白得理让人，谦让他人的道理，因为只有谦让才能使人际关系得以维持和变得和谐，才能使大家拥有一个团结快乐的工作氛围。

总之，在和别人发生摩擦的时候，应多从对方的角度去考虑问题，多一些谦让，多一点理解，多一些宽容，只有这样，无谓的纷争和烦恼才会有所减少。做人做事都是如此，越是谦让，就越能赢得别人的尊重。要知道，谦让别人只会提升你在他人心中的地位，而不会让你成为失败者。既然是这样，那么主动谦让又有什么不可以呢？

/ 品一口微苦的人生，满世界都是淡定 /

诗人有言："人生恰如饮茶，讲究'静'的美，静坐静水静心，品一口微苦的茶，品一口微苦的人生，而后满口是清香，满世界都是淡定。"

好一个满世界都是淡定！这是多少人苦苦追索的内心境界，这又是多少人心向往之的美妙情怀！其实，这是因为当我们做到了淡定面对一切的时候，我们就会真正体味到人生的静之美、静之味。因为世界从来不会对一个心静的人喧嚣，也不会对一个心静的人沉默。当浮华谢幕，当喧嚣归寂，我们便能够清晰地读到生活中的那一篇华章，看见生活中的那一瓣心香，听见生活中的那一抹悠扬。

事实上，淡定、平静的心态是对人提出的极高的要求，若非善于感知、善于领悟生活和生命的人，很难实现这一点。而一个人即使天赋再好，如果静不下来，沉不下去，那么也会始终像在浪尖上喧哗跳跃的小丑鱼，最后只不过是浮沫一场。相应地，只有真正做到平心静气，才能默默地吸收天地之精华，并将其沉淀内敛为自己的光华。

人生就像一个旋转的大门，当走到逆境的那一面时，应保持淡定，把握住最好的时机，将自己的聪明才智发挥出来。但是，千万不可钻到"死胡同"里，那样只会落得一片惨败。

加藤信三身为日本狮王牙刷公司的董事长，他的成功秘诀就在于他具有不生气和能够保持淡定的智慧。

最初，加藤信三仅是这家公司里的一个普通小职员，每天不辞辛苦地工作。一天，他加班到很晚，到了次日清晨，当闹钟响起时，他只好强迫自己起床，洗漱完毕后准备快点去公司上班。

然而，此时的他急急忙忙地刷牙，结果却将牙龈刷出了血，这使他更为着急："哎，自己公司生产的牙刷需要改进啊，将牙龈刷出血已不是第一次了。"

他一到了公司，就先到技术部门发了一通牢骚，然后走进了自己的办公室，心想："我发脾气就能解决问题吗？当然不能！"

于是，他静下心来和同事们针对牙刷将牙龈刷出血的问题进行了细致的讨论，同时，还提出了自己认为可行的改进方案：包括怎样去改变牙刷毛质、牙刷造型、如何排列刷毛才不会伤害牙龈等。

紧接着，加藤信三开始进行实验，将最佳的改进方案挑出来，最终，他发现牙刷毛是由机器切割的，所以刷毛的顶端均为锐利的直角，也就是呈90度角，在根本问题暴露出来以后，他高兴得跳了起来。

他坚信，只要将牙刷刷毛的切割方式改变一下，就可以将那些直角都变成圆角，从而增强牙刷的实用性。同事们在听完加藤信三的建议之后，也十分赞同，于是大家又进行了多次实验之后，将一份成熟的方案提交给了上司。

经过上司同意后，公司就立即投入了大量资金，就这样，新的狮王牌牙刷诞生了，人们十分喜欢使用这种类型的牙刷，很快，公司也盈利不少。

与此同时，加藤信三也因为公司做出了巨大贡献而被提升为主管，到了后来，他担任了公司董事长一职。

一个人在获取成功的路上，一旦难题出现，愤怒和冲动是无法解决问题的，只有平复自己的心灵波澜，细心地观察研究才能找到问题症结之所在。所以说，成功就在于你对事业和产品研究的那份淡定和专注。尤其是当走一条路一直走不通的时候，就更需要静下心来，在保持淡定的同时，千万不要忘了继续关注问题之所在。

其实，自己有了不足并不可怕，可怕的是，当不足赤裸裸地呈现在自己面前的时候，我们却不去思考该通过何种形式对它进行改进；自己失败了并不可怕，可怕的是，人在失败面前一味地退缩和逃避；自己遭遇了困难并不可怕，可怕的是，人在困难面前表现出的自卑和堕落。因此，我们要时时刻刻保持一颗淡定从容的心，去克服失败、困难和不足。

有一个商人，他很需要一个小伙计，于是，就将一张独特的广告贴在自己商店的窗户上，上面写道："招聘：一个能懂得自我克制的男士。待遇：每周40美元，合适者每周60美元。"

当时，"自我克制"四个字顿时引起了很多人的好奇，当然也有不少求职者前来应聘。

可以说，每个求职者都要经过一个特别的考试，终于，该轮到卡特出场了。

"能阅读吗？"

"当然可以啦，先生。"

"你能读一读这段文字吗？"这位商人将一张报纸交给了卡特。

"没问题，先生。"

"你能一刻不停顿地朗读吗？"

"能，先生。"

"那好，你跟我来。"于是，这位商人将卡特带到了自己的私人办公室，并将办公室的门关上。

就这样，卡特开始读报纸，而这位商人却立即将6只小狗放出来，小狗跑到卡特的脚边。

事实上，有不少应聘者都因经受不住干扰会停止阅读，看眼前的小狗们，正因为这一点，都被淘汰了。然而此时的卡特却始终没忘记自己的角色，保持淡定地读完了那一段文字。

商人见状问卡特："难道在你阅读的过程中，没有注意到小狗们吗？"

卡特回答道："是的，先生。"

"我想你应该知道它们的存在，是不是？"

"是的，先生。"

"那么，你为何不会看它们呢？"

"这是因为我已经答应过您一定要不停顿地读完那段文字呀。"

"你总是信守你的诺言吗？"

"是的，我会在任何情境下保持淡定，先生。"

商人回答说："年轻人，你就是我想要的人。"

故事告诉我们这样的道理：年轻人要想叩响成功的大门，除了要万分专注以外，还要泰然自若，只有这样才能很好地克制住自己，将全部的精力倾注在正在进行的工作或者学习中，从而让成功显得不再没有希望。

诚然，在一个人前行的这一路上，不仅会有很多的鲜花，还会有很多阻碍自己发展的绊脚石挡在前面。无论身处何种情境，我们都要保持淡定，用思想将一个又一个顽固的堡垒攻克下来。要知道，在这个世界上，没有淡定解决不了的问题，只怕缺少一颗富有智慧的心，总而言之，我们要将失败永远丢在旋转门的背面，并且要坚信收获成功后的我们定会无比精彩。

用理性眼光看世界

从前，有两个人结伴行走在一个大森林里，虽然，他们遇到了一只大老虎，其中一个人便迅速换上了自己包里的轻便型运动鞋，而另一个人则大声地骂道："你做什么呢，你就是再换鞋也跑不过老虎啊！"而换鞋的那个人却理性地说："我只要跑得比你快就好了。"

诚然，21世纪是处处充满危机的新时代，我们又身在"社会"这个大环境之中，当"老虎"正跃跃欲试奔向我们的时候，我们究竟有没有将自己的一双轻便跑鞋准备好呢？

生活中也是一样，我们每个人在面对社会百态的时候，都应以一种理性的态度去面对，只有这样，我们才能提升自己的生活品位，并且理性地做人和处世，也足以体现出一个人的综合素质。

第六辑　当你内心安然，每一寸时光都是欣喜

　　楚汉之争时期，刘邦与项羽决战在即，韩信在准备出兵相助的时候，却突然要求刘邦封他为"假齐王"，刘邦听后愤怒至极，将韩信大骂一通，指责他不该在此时要求封为"假齐王"。

　　但是刘邦经身边的张良提醒，立即平静下来，转而骂道："大丈夫要当王须当个真王，怎么可以要求封为假齐王?"于是，立即封韩信为"齐王"。

　　韩信随即出兵将项羽打败，刘邦最终夺得了天下。

　　如果那时的刘邦没有理性地分析局势，那么，天下到底归谁所有还真说不定呢。

　　在现实生活中，会出现很多种偶然现象：挫折、逆境、失败等，但有时候，在理性的调控下，这些偶然性会转化为一种必然，令我们欣喜和快慰。虽然说偶然和必然两者间存在着理论上的差异，但是，两者完全可以在理性中统一起来，从而力达完美。

　　事实上，我们每个人都需要在理性中展现自己的美。因为无论顺境还是逆境，理性地去看待和对待，都会有利于自己、有利于社会；无论生活中苦多一点还是乐多一点，理性地去处理，就会使我们得到更多的磨炼，从中领悟到生活的真谛。理性可以使我们更好地辨识善恶；理性可以使我们更好地完善自己的品格；理性可以使我们坦然面对生活中的坎坷。最重要的是，理性可以培养和提升我们的气度与理智。

　　南宋后期，元兵南逼，宋朝皇帝不得不从杭州退移福州。文天祥为了抵抗和阻击元兵，率领士兵从闽西进军漳州，在听说福州已失守，宋朝皇帝败逃海上后，文天祥只好向西撤退，当翻越坂寮岭，退至险要的倒岭时，元兵紧追其后，并且来势凶猛，待文天祥等人渡过下畲溪的木桥时，文天

祥向着天空大喊一声：“天助我！”顿时，风云同起，山洪咆哮，将元兵阻隔在了对岸。

尽管倒塌的是木桥，但它一直是当地百姓的交通要道。为了让百姓顺利地复建木桥，文天祥后来专门给他们留下了不少金银。当文天祥等人要经过倒岭下的梅子坑村，百姓们听到消息后便迅速赶来，主动拿出各自家里的门板桌面，来铺架临时便桥。见状，文天祥十分感动，便为此桥起了个名字——“大义桥”。

古代还有一则“辩日远近”的故事，也深刻体现了人拥有理性的重要性。

有一次，孔子去东方讲学，途中遇到了两个小孩，你一言，我一语，正在争论着什么。于是，孔子走上前去想看个究竟。只听一个小孩说道：“我觉得太阳在早晨的时候离人近，到了中午的时候，太阳就离人远了。”另一个小孩却反驳道：“你说错了！应该是，太阳在早晨的时候离人远，而到了中午的时候，太阳就离人近了。”

前一个小孩迅速反驳说：“你知道吗？早晨太阳刚刚露出头时，足有伞那么大，而临近中午，太阳就如茶盘那么小，这正说明了‘近大远小’的道理。”另一个小孩一点儿也不示弱，理直气壮地回答道：“那为什么人们早晨会感到冷，而中午会感到热呢，这不正合乎‘近热远凉’的道理吗？”此时，站在一旁的孔子也无言以对，因为他也无法说出两个小孩究竟谁对谁不对。

最后，两个小孩一同对孔子说：“谁又能说你是一个无所不知的圣人呢？”

故事告诉我们，一旦我们的身边出现了复杂的问题，仅仅凭借自己的感性认识是无法揭示出事物的本质的，要想认清问题的真面目，须将感性认识提升到理性认识的层面上，在思考深入的同时，还要反反复复地推敲。

　　在实际生活中也是同样，我们不能缺失了理性，因为离开了理性去判断事物性质和挖掘问题的根本就成了一种不可能，也只有理性地看待和分析问题，才能在建立正确认识的同时，成就完美的自我。

第七辑

当你平常心态
花谢花开皆风景

人生如此艰难，你要学会自己取暖，安享当下，不悲不喜，时到花自开，水到渠自成，以平常心顺其自然地生活，花开花谢便都是风景。

/ 将心事交给清风 /

有这样一个人，每天都被心事所累，没有丝毫的乐趣可言。于是，他就去找一位德高望重的哲人专门请教这个问题。

哲人把一只竹篓放在他的背上说："从现在开始，你背着它上路吧，每走一步就要从路边捡一块石头放在里边，然后再向我谈一下你的亲身感受。"

尽管那个人对此大惑不解，可还是按照哲人说的去做了。结果，令他意想不到的是，他刚走出几百步，自己就已经感觉沉重不堪了，这是由于背上的竹篓里已经装满了石头。

此时，哲人说道："你知道自己每天为什么不快乐吗？主要就是因为你背负的东西太沉了，它压住了你所有的愉悦感，所以你无法快乐起来。"

说着，这位哲人就将石头一块一块地从竹篓里取出来，说道："你看，这块如同功名，这块如同利禄，这块如同狭窄的心胸……"果然，当哲人将石头卸到一大半的时候，那个人非常轻松地背起了竹篓重新上路了。

这则富有禅意的故事告诉我们：我们每个人都要做到心胸宽广，思想开阔，无论遇到什么事情，不仅要拿得起，还要放得下。只有抱持这种将往事交给清风的态度和豁达，才能让自己的内心保持一种轻松和健康的状态。

有的时候，我们会在实际生活中产生很多不良的情绪；有的时候，我们会在工作中滋生出不小的压力，不管具体是哪一种，我们自己都要学会通过心理疏导和轻松减压的方式，将自己缺失健康的心态调整过来，也就是说，一旦心里开始抱怨别人，感到愤懑的时候，必须将自己的心放下、放平、放空。否则将有害于我们的身心健康，甚至还会导致一些不可挽回的错误和遗憾。

在一堂心理课上，讲师针对处理压力的问题向学生示范，并且还提出了一个问题。

他将手中的玻璃杯举起来，问台下的学生："你们估算一下玻璃杯内的水重是多少呢？"

台下的学生开始议论纷纷，然后各自给出了不一样的答案，总体范围在 20 克至 500 克之间。

讲师接着说道："那些水的实际重量并不重要，关键在于你手举水杯时间的多少。"

如果你举了 1 分钟，你的肢体甚至没有一点感觉。

如果你举了 1 小时，你的手臂一定会很痛。

如果你举了 1 天，也许你很快就要去医院了。

我们可以打这样一个恰当的比喻，我们背负的消极情绪就如同玻璃杯中的水，举的时间越久，就会感到越沉重；举的时间越短，就会感觉越轻松。如果在该放下的时候，我们没有及时地放下，那么即便是同样的一个玻璃杯，我们也会感觉它越来越重。

所以说，我们自己一定要学会在正确的时间放下那些消极情绪。也就是说，定期地放下重担，让自己获得每一次缓口气的机会，然后，才可以重新背负起身上的担子。比如，你工作忙碌了一天，在走进家门之前，最

第七辑　当你平常心态，花谢花开皆风景

好迅速将今日发生的所有不愉快放下，只有这样，才能轻松地去面对次日的工作，也只有这样，我们才能获得长久的快乐和健康。

可是，在实际生活中，我们往往都习惯于执着，明知道这件事让自己想起来就会很难过，但还是会忍不住地去想它；明知道自己曾经在工作中出现的纰漏，只会给自己增添几分自卑，但还是停不下执着的脚步。究其原因是什么呢？关键就在于，我们在很多时候拿不起，更放不下。扪心自问，这种状态下的我们，是我们期待中的自己吗？不用问，答案将是否定的。我们会感受到，这不是真正的自己。因此，我们就要挣脱，要活出真正的自己。

在一家准上市公司做市场部总监的郭亮最近常常被烦恼的阴云笼罩，他想让自己摆脱这种情绪，于是在一个周末的午后，他来到了一位心理医生的办公室。

通过和郭亮聊天，这位心理医生得知，原来，郭亮原本有很大的希望被晋升为副总裁。然而，一个与他暗中竞争的同事，竟然将他以前工作中曾经出现过的一次失误以书面形式告发给了董事长。于是，郭亮升职的希望便在对方的忌妒和攻击下暂时搁浅。

听完郭亮的述说，心理医生并没有立马给出解释，而是站起身出去了一会儿。他回来的时候，手里拿着一个细细的橡皮圈儿和一个带挂钩的砝码。心理医生坐下来，当着郭亮的面，把那个砝码挂在了橡皮圈儿上面，然后拎起了橡皮圈。那个砝码的重量，几乎把橡皮圈儿绷紧到了极限，似乎稍一用力，就会令其崩断。郭亮不解，他细细地观察着心理医生的怪异举动。

随后，心理医生问道："那个陷害你的同事升职了吗？"

当你和世界不一样

　　郭亮摇了摇头。

　　心理医生继续问："那么，请你如实告诉我，你的那个同事所说的话是否是真实的呢？"

　　郭亮思忖了一会儿，回答说："应该有一半是事实吧。"

　　听了之后，心理医生就笑了，说："既然他没有升职，并且帮你指出了你的不足之处，你应该感谢他才对，而不是仇视他呀。以后你若能把曾经失误的地方都做好，是不是对你的职业生涯会更有帮助呢？"

　　郭亮赞同地点了点头。心理医生随手摘下砝码，橡皮圈儿立马弹回去大半。

　　心理医生将那个恢复原状的橡皮圈儿递给了郭亮，并解释道："看到了吗？现在你已经没有负担了，又恢复了先前的弹性，你还是那个完整无缺的'橡皮圈儿'呀！"

　　听到这儿，郭亮才恍然大悟：的确如此呀，只要摘下生活中没有价值的砝码，让自己忘记那些无谓的烦恼，自己的生命不就又恢复先前的弹性了嘛！

　　故事中郭亮所遭遇的烦恼，我们多多少少可能也有过类似的经历。那么，我们做到放下了吗？

　　事实上，每个身处繁杂生活和工作中的人，都难免会有这样那样的烦恼。但是很多时候，烦恼是我们硬生生添加到自己身上的，很多的烦恼纯属庸人自扰，它不会对我们的生活和工作带来任何积极的影响。所以说，我们要想让自己过得轻松些，就要学会忽略这些烦恼，忘记这些不快。

　　要知道，善于忘记是一种心理的自我调适，也是一种平衡的能力。那么，为了我们能轻松起来，就培养自己的这种能力吧！让自己不去为鸡毛蒜皮的事斤斤计较，不去为陈芝麻烂谷子的过去耿耿于怀。只有做到既往不咎，才能真正活得轻松快乐。

更多的时候，我们都要这样想，自己在这个世界上，原本就是一无所有的，至多是在某一阶段这件东西曾经属于过我们而已。总之，人的一生分很多个不同的阶段，只有怀一颗平常心，既拿得起，又放得下，这样才不会走得太累。也只有这样，我们才无愧于自己的生命，才会多一些淡定和从容。

/ 认清你是谁，做好你自己 /

一只山羊，清晨起来想出去吃点东西。本来，它是想去菜园里吃点白菜，但是朝阳却将其影子投射得很长，山羊见状，便喊了声："天啊，我原来如此高大，我不能吃白菜了，我必须去吃树叶。"

于是，山羊转身就往山上跑，当到了大树旁边的时候，天都到中午了，此时在太阳的投射下，山羊的影子就变得特别小。山羊说道："哎呀，我原来就这么渺小啊？我还是别吃树叶了，改吃白菜吧。"

等山羊跑到菜园的时候，天已到了黄昏的时候。此时，在阳光的投射下，山羊的影子又拉长了，山羊自言自语："哎呀，好像我还只能吃树叶。"

于是，山羊又跑向了大树。

在这一整天里，这只山羊就一直在受太阳投射的迷惑，最终什么东西也没吃成。

这就如同人的一生，有的时候在外在环境的影响下，会在我们眼前造成一种虚幻的假象，这种假象会让我们觉得，我们比真实的自己高大很多，但有时候，这种假象又会让我们觉得比真实的自己渺小很多。那么，我们应如何保持一种恒常的判断呢？我们不仅不能妄自尊大，而且也不要妄自菲薄，保持一颗平常心才是最关键的要领。

还有一则类似的寓言故事。

从前有一只狼，在一个山脚下徘徊，此时，落日的余晖将其影子拉得很长，看着自己的影子，狼得意一番，自言自语道："我的身体竟然如此高大，几乎大到一亩田那样大，那我为何还要刻意躲着狮子呢？难道我不该被称为'百兽之王'吗？"

正当这只狼沉醉于其中的时候，一头狮子向它扑来，在这只狼奄奄一息的时候，它才真正悔悟过来，它大声喊道："我真是可怜啊！最终是我的狂妄自大将我彻底地毁灭了。"

狼的故事也告诉我们：凡是那些盲目狂妄自大的人，迟早会自食其果。

在实际生活和工作中，我们往往不能准确地判断自己所具有的实力，或者偏高，或者偏低。就像炒股一样，不是涨过了头，就是跌过了头。总之，我们要带着理性的态度正确地评估自我，既不要妄自尊大，也不要妄自菲薄，只有这样，我们才能为自己制定正确的目标，实现人生中的精彩。

我们常常在仰视别人的时候，其实是低估了自己，而在俯视别人的时候，其实是低估了别人。做人需要坦诚，做人需要谦和，不管是生活还是职场，都是同样的道理。总而言之，我们人人都要有自知之明，千万不可妄自尊大，更不可去轻视他人。

尤其是在现代职场中，刚刚毕业的大学生在求职的时候，有的大学生眼高手低，对自己始终没有一个正确的定位，而有的大学生在汲取一定教训之后，已经学会了如何清晰地认识自我能力和自我价值，逐渐在进步当中。

一个人如果在职场中狂妄自大，那是更要不得的，因为这样的职场人不仅不能很好地完善自己，也不能获得好的人缘，最后却将自己的职场圈打理得一片混乱，自己也是稀里糊涂，不得不从职场圈默然"退役"。其实，要找一份称职、适合自己的工作才是最关键的，踏踏实实地工作，老老实实地做人，不在妄自尊大和妄自菲薄中炫耀自己种种的不真实。

所以说，无论是生活中还是工作中，我们每个人都要绝对认清自己，将自己的心态摆在一个正确的位置上，也就是说，我们要正确看待自己，我们一定要谦虚，但是不要谦虚到自卑的程度，我们可以有自信，但是不要上升到高傲的程度。总之，不要妄自尊大，也不要妄自菲薄，真实地做好自己，才是最好！

/ 把心放平，把心放轻 /

在大愚寺住着一个小和尚，他每天诚心悟道，很快就把佛经诵读了一遍，于是，他认为自己已经耳聪目明，生了慧根。

有一天，寺院内的方丈突然向众僧宣布自己要挑选一位具有慧心的接班人，小和尚得知此事以后，便更加努力。六个月时间过去了，小和尚反倒觉得自己的道行没有一点儿进步。于是，他将自己的困惑告诉了方丈。

当你和世界不一样

方丈听后，笑着对小和尚说："明天你同为师一起到山下的小镇上去找王老汉买些甜瓜来。"

到了次日，寺院的方丈就带着小和尚来到王老汉的瓜摊前，挑了几个大甜瓜，此时，王老汉没有过秤随口就报出了甜瓜的斤两："总共二斤六两。"小和尚十分惊讶："什么？"王老汉笑着说："我卖甜瓜已经有十几年了，从来没有估错过。你若不信，可以拿秤称量。"于是，小和尚便称量起来，结果真的是二斤六两。

此时，寺院的方丈走上前去，随意指向一个甜瓜说："施主，我要这个甜瓜，你若估量准确，我就将这锭银子送给你。"说着，方丈将银子从身上取出来，周围的人也都围拢上来看热闹。

随后，王老汉便一口答应了，只见他屏住呼吸，将甜瓜小心翼翼地托起来。最后，谁也料想不到，王老汉竟然没能准确地报出这个甜瓜的重量，出了大差错。

寺院方丈带着小和尚回到寺院后，小和尚不解地问方丈，王老汉第二次估量错误的真正原因。方丈叹了一口气说："这是因为他被眼前的银子干扰到了，因此他失去了平常心态，自然，他的正常水平就发挥不出来了。"

小和尚听完方丈的这番话，顿时大悟，自那日起，便开始静心修行，十年后，终于修成了正果，成为大愚寺人人皆知的一心方丈。

王老汉的故事告诉我们保持一颗平常心的重要性，在实际生活和工作中也是有所体现的，有不少人自以为掌握了工作技能就足矣。殊不知，应该时刻掂量一下自己有无平常心，因为再优秀的职场人士有时候也会被名利所压倒，再加上各种不同名目的纷争，总之，人都需要以从容淡定的心态去面对眼前的一切。

第七辑　当你平常心态，花谢花开皆风景

　　世界就是这样，希望与失望同在，美好与丑陋并存，我们既要学会生活在顺境下，也要学会生活在逆境里。漫长的人生旅途，没有谁能够一路瓜果飘香，永远春风得意，也没有谁总是喝凉水都塞牙，一直没有出头之日。得志和失意总是相伴于我们的生命旅程中的，它们时常交错出现，此现彼隐。

　　不管是得志之时，还是失意之时，我们都不必让情绪太过激动，得则喜不自胜，失则垂头丧气，这都是不够成熟的表现。只有把心放平，把心放轻，才会有一个好的心境，才能在得志时不忘乎所以，在失意时淡然以对。

　　看那些每天在公园唱歌、练剑的寿星们，他们几乎都懂得养生之道，其实他们身体的强健，更多的是由于他们有着一颗平常心，可见保持淡定心态在我们生活中的实际作用。石油大王洛克菲勒晚年，他就秉承着"宽容、豁达、不斤斤计较"的原则为人处世。对此，他曾经说过这样一句话："不论你是平民百姓，还是达官贵人，都应懂得谅解别人的过失，以一个平常人的心态去同别人交往，这将会对你的一生都很重要，它不仅可以使你每天都有一个好心情，而且还会用对人生气的时间去干一些有意义的事。"其实这句话是洛克菲勒晚年处世的重要法宝。

　　洛克菲勒本人有这样一个习惯，就是在每个月的最后三天，都要徒步旅行。一次，他完成了三天的徒步旅行，正计划返回公司总部。

　　于是，他来到了加州地区的一个小车站，坐在一个靠门的座位上等车，此时的他因长途跋涉神情显得十分劳累，并且，从沾满尘土的衣服上看，他纯然是一个搬运工。

　　没过多久，火车要进站了，已开始检票，洛克菲勒不紧不慢地走着。突然，他看到外面走过来一个老太太，力不从心地提着一只重箱子。正当她左顾右盼的时候，她看到了洛克菲勒，并且想请他帮一下忙，于是，老太太冲他大喊："喂，老头，你给我提一下箱子，我会付给你小费。"

洛克菲勒二话没说，就帮着老太太拎箱子。他们刚刚检票上车，火车就开动了。老太太非常感激地说道："还真是多亏了你，要不我就惨啦。"说着，递给了洛克菲勒 1 美元。

洛克菲勒面带微笑地接过钱后，和老太太攀谈起来，才得知老太太刚从加州看望儿子回来，准备回自己的家。洛克菲勒为避免乘客过路不方便，又帮老太太把箱子塞到了座位底下。

没过一会儿，列车长走过来，说："洛克菲勒先生，欢迎您乘坐本次列车，请问需要我为您做些什么呢？"洛克菲勒回答说："谢谢，不用了，我刚结束三天的徒步旅行，目前要返回公司总部。"

老太太听后，惊呼起来："什么？洛克菲勒？上帝啊，著名的石油大王洛克菲勒为我提了重箱子，我竟然还付小费给他，我在干吗啊？"于是，老太太连连道歉。

洛克菲勒微笑着对老太太说："您不必道歉，因为您根本没有做错什么。这 1 美元，因为是我挣的，我当然就要收下了。"说话间，洛克菲勒已将钱放进了自己的口袋。

有很多成功人士之所以在人们眼里十分伟大，更重要的原因在于，他们知道用平和的心态去对待别人，洛克菲勒就是其中一位。我们不妨大胆地设想一下，如果洛克菲勒当时失去了平常心，一定会勃然大怒，那么老太太一定会吓得瑟瑟发抖，因为两者之间所处的社会地位太过于悬殊。然而，洛克菲勒却以平常心、以普通人的身份帮助老太太提了箱子，上了火车，他为此获得了别人更多的尊重和热爱。

当我们一旦发现自己利欲熏心的时候，我们不妨自己放松心情，千万不可让欲望牵着到处奔走，而是要做到，让浮躁的心逐渐平复下来，深切体会海阔天空般心胸的影响力。因为平常心态会直接影响到你的生活质量和工作业绩，尽管我们无须做到佛学中所讲的"四大皆空"，但是至少要足以应对出现的难题，让应有的平常心够分量才行。

如果我们自视甚高，一遇到不顺心之事，就生气、发火，并且还心怀不满，不能把心放平、放轻，那么我们将会活得无比沉重，烦恼会多到满满一箩筐。总之，在闲下来的时候，一定要掂量一下自己平常心的重量，冷静待人，冷静对事，从而培养自己的涵养性情，磨炼自己的意志力和忍耐力，只有这样，我们才能真正突破自己。

/ 平常人，平常心 /

毫无疑问，在这个世界上，成功人士与平常人在数量上相比较，分别用牛角和牛毛来比喻是很为恰当的。然而，在大多数平常人的心里，都缺少一种平常心态，有时候，心气儿却高于天。有这样一则寓意深刻的"平常心"故事。

一天，寺院里的草地枯黄了一大片，看上去非常不好看。

对此，寺院里的一个小和尚看不过去，于是，他对师父说："师父，我还是快撒点种子吧！"

他的师父却说："这个不着急，随时。"

当种子到手时，师父吩咐小和尚说："去种吧。"

结果没想到，一阵风起，种子撒下去不少，当然也有不少被风吹走了。小和尚十分焦急地对师父说："师父，您看，风将好多种子都吹走了。"

师父却说："这个没有关系，吹走的净是空的，撒下去也发不了芽，随性。"

小和尚刚将剩下的种子撒完，这时飞来了几只小鸟，在土里使劲地乱刨着。

见状，小和尚迅速赶跑了小鸟，然后向师父报告说："师父，您看，种子都被鸟吃光了。"

他的师父却不紧不慢地说："这个不要紧，种子多着呢，小鸟吃不完，随遇。"

到了半夜时分，风雨突起。

于是，小和尚哭着告诉师父说："师父，您看，这下全完了，雨水冲走了种子。"

他的师父却说："这个没事，冲到哪儿哪儿发芽，随缘。"

过了几天以后，昔日光秃秃的地上长出了许多新绿，甚至未播到的地方也长出了小苗。于是，小和尚眉飞色舞地喊："师父，您快来看呀，都长出来了。"

他的师父神情平静地回答："应该是这样吧，随喜。"

故事告诉我们：我们每个人都应该以平常心接受现实中的一切，面对所处的环境，能够对自己做出正确的认识，从而把握自己的命运，优化自己的一生。说到底，就是不为名利所惑，不被金钱所牵，为自己的"心灵画卷"绘满平常心，过一个平常人应有的快乐生活。

当然，成功人士在获取成功之前，也曾经都是平常人，都是以平常心态认真地做人和做事，凭借着踏踏实实、不怕吃苦、努力奋斗的精神和勇气，一步一个脚印，最终攀到成功之巅峰的。比如，艺术家马季、企业家马云、香港首富李嘉诚等成功人士就是以平常人的心态，凭借自己的勤奋和努力将成功握在手中的。

不得不说，平常人就要有一颗平常心，这对于一个人的成功来讲极其重要。尤其是在现代职场中，有很多的年轻人总是不切实际，好高骛远，这山望着那山高，其实自己实则是高不成低不就。应该说，缺失平常心就是人致命的一大弱点，因为这样的人往往是接受不了困难，承受不起失败的。一旦遭遇困境，他们便会就此沉沦，灰心丧气，将自己的人生酿制出活生生的悲剧。

实际上，我们每个人都希望自己活得大红大紫，希望也能像别人那样成为伟人，成为明星，其实有想法固然很好，但是，现实却总是带着十分的客观性和严酷性面对我们的。我们往往心存很多理想，也有自己的期望和爱好，但在社会中得到真正满足的并不多。其实，生活需要我们以一种积极心态去迎接各种挑战，在自己的领域做到最好就是成功的。比如，建筑工人的一砖一瓦就体现了他们工作时的良好状态；设计师的一勾一勒就体现了他们专注的职业精神。总之，任何事情都不要强求，也不要奢望，平常人就应该具有一颗平常心。

也就是说，平常人应该有一种平常的心态，具体表现之一是：平平静静地居家过日子，因为平静而又祥和的生活，不仅可以托起一种生活的希望，还有助于我们实现一种平淡的心境。我们应该在忙忙碌碌中充实自己，有条不紊地将人生之路进行下去，比如，见了街坊四邻问声好，过年过节向朋友送上祝福，等等，我想，这就是平常人的福气吧。

事实上，我们每天按部就班地工作和生活，一日三餐，尊老爱幼，挣钱养家，看上去无大波大澜，但却是平常人好心情的发源地，因为这样和谐的"画卷"上绘满的都是平常心。当我们站在这个山头上望向另一山头的时候，我们应该有一颗平常心，将自己的思绪理顺；当我们对机械的工作感到厌烦的时候，我们应该有一颗平常心，将自己的抑郁淡化；当我们埋怨自己没得到名利的时候，我们更应该有一颗平常心，将自己贪婪的心叫醒。总之，我们平常人就应该有平常人的好心情、好福气、好运气，不管在任何情况下，都不要让那些纷纷扰扰搅动了我们那颗平静的心。

淡然地面对所有的成败得失

身为画家的尤利乌斯每天都生活得很快乐，连他的画中也写满了快乐。但是，无人肯买他的画，这一点让他偶尔会觉得难过，不过，这种悲观情绪很快就过去了。

一天，尤利乌斯的朋友告诉他说："你还是玩玩足球彩票吧！如果遇到了幸运之神，你只需花2马克就能赢到不少钱。"

于是，尤利乌斯就花2马克买了一张彩票，确如朋友所说，他立即赚了50万马克。

高兴之余，他买了一幢别墅，并且精心地装饰了一番。由于尤利乌斯是一个很有品位的艺术家，所以他的家里一时间多了不少昂贵的东西，像佛罗伦萨小桌、维也纳橱柜、迈森瓷器，等等。

自此以后，尤利乌斯便喜欢上了这套新房子，一有空，他就会坐在地毯上，点燃一支香烟。然而，有一天，他心里感觉很孤单，想去看望一位很久没有见面的朋友。于是，他像往常一样，习惯性地把烟蒂往地上一扔，甩手就出了门。

结果，并没有完全熄灭的香烟很快就引燃了华丽的地毯、维也纳橱柜……短短几个小时，尤利乌斯的别墅就化为了灰烬。

他的朋友们闻讯赶来，均安慰起尤利乌斯。

"尤利乌斯，你真的是太不幸运了，当然了，我们无比地同情你!"

"不幸？为何这么说呢？"

"你那幢几十万的别墅失火了! 尤利乌斯，可以说，你目前是一无所有了。"

尤利乌斯回答说："我可不这样认为，我只不过是损失了2马克而已。"

尽管尤利乌斯的做法不值得提倡，但是，他的做法却给了我们这样一个启示：不管在什么样的情况下，我们都不要过于看重得失，应始终保持一颗淡定的平常心。相反，如果无比地看重得失，我们的人生之路走起来就会感到疲惫，如果看淡了得失，自然也就会轻松许多。

每一件事，不会因为我们将其看得太重而改变原有的结果。成败得失亦是如此。如果将某种不好的情绪背负太久，那么就腾不出更多的时间来享受快乐，也就体验不到好的情绪。

其实，成败得失都无非是人生中的体验罢了，只要微笑着面对一切，那么所有的一切都不过如此。

著名童话作家安徒生曾写过一个名为《老头子总是不会错》的童话故事：

在一个乡村里，住着一对清贫的老夫妻。一天，他们想把家中唯一值点钱的那匹马拉到市场上去换点更有用的东西。于是，老头子牵着马去赶集了，他先与人换得一头母牛，又用母牛去换了一只羊，再用羊换来一只肥鹅，又把鹅换了母鸡，最后用母鸡换了别人的一口袋烂苹果。在每次交换中，他都想给老伴一个惊喜。

当他扛着大袋子来到一家小酒店歇息时，遇上两个英国人。闲聊中他讲了自己赶集的经过，两个英国人听后哈哈大笑，说他回去准得挨老婆子一顿揍。老头子坚称绝对不会，英国人就用一袋金币打赌，三个人于是一起来到老头子家中。

老太婆见老头子回来了，非常高兴，她兴奋地听着老头子讲赶集的经过。每听老头子讲到用一种东西换了另一种东西时，她都充满了对老头子的钦佩。她嘴里不时地说着："哦，我们有牛奶喝了！""羊奶也同样好喝。""哦，鹅毛多漂亮！""哦，我们有鸡蛋吃了！"

最后听到老头子背回一袋已经开始腐烂的苹果时，她同样不愠不恼，大声说："我们今晚就可以吃到苹果馅饼了！"

结果，英国人输掉了一袋金币。

老太婆没有因为失去一匹马而惋惜，更没有因此而埋怨老伴。在她看来，既然有一袋烂苹果，那就做苹果馅饼好了。这样的心态，即使是清贫，也是妙趣横生的；这样的心态，即使是失败，也是会体验到快乐和幸福的。

获得是正常的，失去也是正常的。如果紧紧抓住得到的东西牢牢不放，那么就不会有更多的收获。只有把该放下的放下，才能拥有值得拥有的。而这一切，都需要有一颗淡泊的心，看淡成败得失，不为此耿耿于怀、牵肠挂肚。

我们的一生，是得与失、成与败相互交织的一生。得中有失，失中有得，有所失才能有所得。没有永远的获得，也不会有永远的失去。顺其自然，一切安好。

/ 与其百般思量，不如顺其自然 /

平常心让人看似平常，但是它具有精深的内涵，实际上并不平常。在现实生活中，无论处理什么样的事情，我们都需要有这样一种心态：与其百般思量，不如顺其自然。

凡是拥有这种心理状态的人，外在的环境无论是寒风刺骨还是热浪奔腾，都能做到宠辱不惊，都能以一颗平静的心安静地享受当下的生活。

我们来看一下著名作家欧希金的事例：

有一次，著名作家欧希金在自己家中举行宴会，其中一个客人不知为何缘故，一直不停地批评他，指责他不应该在他的《夫人》一书中，写到美容产品大王卢宾丝坦女士。

此时，其他客人便设法找机会将话题引开，然而，却没有成功。于是，谈话内容让大家都无法接受，最后欧希金说道："好吧，如果我不写，也许其他人会写，总之，那件事总得有个人来做。"欧希金继续说道，"作家都是他的人物的奴隶，这真是罪该万死。"

就这样，欧希金以一颗平常心借助幽默的话语轻松地"化干戈为玉帛"，因为他具备了这样的素质，所以后来无论是生活还是事业，他都取得了成功。试想，如果他对这位客人的话过于在意，百般思量的话，可能就会生出无限的烦恼，也就没有这么机智的回答了。

很多缺乏平常心的人很怕被别人指责，不愿意接受任何批评意见。为了不受到指责，他们会很在意别人的看法，会尽自己所能去讨好所有人。而这样做，只会让他们越来越累，越来越丧失自我。

其实，人活一世，谁都会受到指责，被指责并不是什么丢脸的事。有一句话说得好："没有一幅画不被人评价，没有一个人不被人议论。"有议论就会有赞美和指责，世界上的人千千万，再优秀的人，也会遭到某一个人的指责。

世界很大，人很多，每个人对人生、对世界、对美丑的看法也各有不同。如果做什么事，都要在意别人的看法和目光，我们就会失去自我。

某杂志上有一句话："不要太在意别人的看法，因为只有自己对自己的肯定才是生命的重心。"是的，我们自己的信念和想法才是生命的重心，如果太在意别人的看法，就会导致重心不稳，从而让自己处于失衡状态。

老子曾经说过："平常心是道。"将其大义引申开来，就是说，我们要做一个具有平常心的凡人实属不易。在现实中，有的人一旦知道自己的薪金与别人的存在差异，就会愤愤不平；有的人一旦看到别人找到了优秀老公，也会忌妒不已；有的人一旦见有人抢先一步捡到了地上的钱包，更会啧啧叹息一番。其实，举出的种种表现都说明了我们有时候过于看重自己的得失，如果始终保持一颗平常心，自然就不会滋生那么多消极情绪，人活在世上，从从容容、踏踏实实、平平淡淡才是真。

事实上，人的心胸可以狭小得像针眼一样，又可以大得像宇宙一样。这只因为人的观念与心态不同。心宽的人天地宽，这是为人处世之道，是有别于平常人的魅力所在。不要被烦恼困惑，更不要让困难打败自己，用一个积极的心态、宽大的心胸去面对一切，让精彩的人生继续，从而书写更为华丽的人生篇章。

/ 每一天都是美好 /

有的时候，生命极其脆弱，所以我们每个人都不要背负太多的痛苦与悲伤，而是应该活得豁达一些、乐观一些，只有这样，才能在生活和工作中游刃有余，活得轻松快乐。在现实中，人们在很多时候都会忘记"人只能活一次"这一常识，其实既然我们只能活一次，就应该轻松一点，给生活一张漂亮的脸，切勿让自己坠入"累"的陷阱。

如果留意一下，我们听到的、感受到的，大多是一些对自身状况的不满之声，比如："没能考上博士，找起工作来选择余地也更小了""父母都是普通职工，根本不可能为自己创造多么优越的条件""现在房价、油价都这么高，养房养车真是压力超大啊！"……可以说，类似的感叹不绝于耳，人们似乎都在为自己不具备的东西而发愁。

于是，很多人提出对生命的拷问：难道我们是为了受罪而来到这个世界上的吗？

持有这样想法的人，实际上是没有参透生命的真谛，而归根结底还是因为没有一颗感恩生命的心。有这样一句话："并非每个人都要过得荡气回肠，并非每个人的每件事都会如人所愿，在经历了人生的坎坷之后，你还能够平凡地生活，这也未尝不是一种幸福。"

其实，我们每个人都要知道自己实际有多大的能量，有多大的才能，在平淡的时刻，我们可以对辉煌有所向往；而在辉煌的时候，我们也应该清醒地看到"楼外有楼",如果以这样的心态去生活和拼搏,我们自然就少了浮躁,少了负累,多了轻松。

有的时候,经过我们的努力,尽管我们没有创造出什么辉煌,但我们却享受到了那份追求辉煌时的快乐。人的一生是不能载着太多烦恼和忧愁踏上路途的,只有内心坦然、轻松,才能无往而不乐。总而言之,平常做人、平常做事,轻轻松松,不再负累,这样一来,我们就能保持住心理上的平衡,能够保持平静的心态,从而阳光般地度过每一天、每一分、每一秒。

那么,我们如何才能做到轻松而不负累呢?

要换一种想法。人的一生不可能一帆风顺,重要的是看自己能否换一种想法。比如,你在上班的路上不小心被人撞了,就算是别人立即向你道歉,有时候你还是火冒三丈,但是这个撞到你的人实际上内心比你还难受。

让不开心的事情离开自己的视线。一旦自己遇到了不开心的事情,可以选择一个安静的地方,自己坐下来或者躺下来,全身心地释放自己,或者想一些美好的事情,或者活动一下身体的大关节和肌肉,通过放松肌肉从而舒缓身心;或者慢慢地深呼吸,同时默念"放松"二字;或者邀朋友去做自己喜爱的事情。

要知道,在我们的人生中,并非只有目标和理想,也不光有事业和成功,我们生活中的每一天,我们生命旅程的每一步,都有值得驻足观望的"风景"。所以,请放松你的心情,放慢你的脚步,给生活一张漂亮的面孔吧。带上它们,去认真体味那些因为忙碌而错过的和可能错过的风景,相信它不会让你失望的!

转身间，身后就是一片花海

古语说得好："塞翁失马，焉知非福。"人在一生当中，需要学会承受，学会承担责任，学会放下一些东西。但很多人会犯这样的毛病：虽然形式上放下了，还总是念念不忘，烦恼地执着着，在心里留下心结，始终也解不开。要知道，先慢慢放下是很正常的，未必就是一件坏事。

有人在紧握玫瑰花的时候，明明已经被刺得流了鲜血，还固执地不肯将花放下，殊不知，自己的身后就是一片花的海洋；有人在紧握拳头为某个职位争得头破血流的时候，还执着地死拼下去，殊不知，自己的远处就是一片青山……实际上，执着只会为我们增添更多的苦恼和忧愁，同时我们还会错过许多风景，因此，不如将固执和执着慢慢地放下。

张跃是一名培训讲师，在某公司任职，有一次，他讲了自己少年时代的一段经历：

在我上小学的时候，我的老师是一位民办教师，在那个时候，他的工资仅有几十元。为了让日子过得好一些，我的老师和师母在自留地里种了数十棵果树，从 5 月到 10 月这段时间，可以说，老师家果园里各种果子都不断。可是，由于师母身体不好，所以每当到摘果子的时候，老师总会带上我们去果园帮忙。

有一年，到了秋季收获苹果的季节，老师和我们一起去摘苹果，当时收苹果的商贩正在一边等着呢，所以我的一个同学提议说："我们不如就此举行一次摘苹果竞赛，最后看谁摘的苹果最多。"

我们听后都表示赞同，老师说："那你们一人先包一棵树，到时候谁摘的最多奖励谁两个大苹果，其他人仅奖励一个，同时罚摘得少的人讲一则笑话。"

于是，我们都同意了，就这样各自迅速选定目标，开始忙着摘苹果。在开始的时候，我们只是在苹果树的低处摘，很快我就落后了，因为我长得身材比较矮小，所以就摘不到高处的苹果。但我转念一想，尽管我长得矮，但是我比他们灵活呀！就这样，我很快就爬上了树，确实比其他同学摘得多了。

正当我往更高处爬的时候，"咔嚓"一声，我被重重地摔到地上，幸运的是，我没有受伤。此时，老师和其他同学都围拢过来，问我摔伤没有。我说："没有关系，我要继续向上爬，争取得第一名！"说完又要往树上爬，然而老师却坚决阻止我这样做，对大家说："高处的苹果大家不用急着摘，只要摘够得到的就行了。"

在讲完自己小时候的经历后，张跃总结道："在很多年以后，每当我理想快要破灭的时候，我就会想起老师的那句话，只有去珍惜、去获取那些够得着的'苹果'，暂时放下高处的苹果，我们的生活才不会令人失望。再说，摘不到的苹果并不说明我们一生不会拥有它们啊！"

是啊，当我们还不具备摘高处苹果的能力时，不妨先慢慢放下，尽管我们现在就想得到它，但是在条件不具备的情况下，我们必须暂时放弃，如果像故事中的主人公，只想尽快得到高处的苹果，只会让自己很快摔倒在地。

第七辑 当你平常心态，花谢花开皆风景

在现实生活中，有不少人为了获得成功，即使自己付出多少代价也在所不惜。但是，不可否认的一点是，成功并不具有普遍性的特点。比如，一个人想成为乔布斯这样的成功人士的想法是好的，但是，并不等于自己就真的能成为乔布斯。

在很多时候，人们总是习惯放大自己的欲望，尤其是在当今这个时代，面对满树的红"苹果"，谁不跃跃欲试想将所有"苹果"收入自己的囊中，但是客观条件却决定了我们需要先摘够得着的"苹果"。

素有"世界第一交响乐团"之称的德国柏林爱乐乐团，可以说，每个指挥家都期望自己能够成为这个乐团的首席指挥。1992 年，当柏林爱乐乐团邀请英国著名指挥家西蒙·拉特尔担任乐团首席指挥时，令大家感到意外的是，拉特尔竟然拒绝了此次邀请。他说："由于柏林爱乐乐团以演奏古典音乐在全世界出名的，而我对这方面了解甚浅，我担任首席指挥，也许不能将其引领上一个新台阶，相反还会起到消极的作用。虽然这个机会非常难得，但是，我无力把握住，所以还是放弃更好。"

拉特尔在谢绝邀请后，便开始不懈地努力，整整十几年的时间，直到他透彻地理解了古典音乐。到了 2002 年，柏林爱乐乐团又一次邀请拉特尔担任首席指挥，此次，拉特尔果断地接受了邀请。因为，他内心里明白，自己此时已经具备了担任首席指挥的实力。后来因拉特尔的加盟，使柏林爱乐乐团创造了许多奇迹。

实际上，拉特尔第一次放弃担任首席指挥不仅是一种务实态度，而且也是一种明智选择，他的放弃给了我们这样一个启示：先放下并非坏事，实际上这是为了更好地得到，因为我们每个人都是如此，只有暂时放弃，才能使自己更好地超脱，给自己更有力的激励，让自己获得更多的学习和完善机会，从而使自己获得最终的成功。

我们只有通过务实的态度去追求事物的本质，等自己真正长高了的时候，我们自然就可以摘到高处的"苹果"，从而获得更多。总之，先放下，不一定真的就是坏事！

/ 留一颗剔透本心 /

慧宗禅师是唐代著名的禅师，他对兰花十分钟爱，在弘法讲经之闲暇，他精心培植了许多兰花，也花费了他不少精力。

有一次，慧宗禅师准备外出云游，在临走之前他嘱咐弟子们要好好照料那些兰花。于是，他的弟子们就在接下来的日子里，精心照料这些兰花。

一天，一位弟子在给兰花浇水的时候，一不小心，将整个兰花架子碰倒了，顿时，架子上的所有花盆都摔碎了，同时兰花也被摔在地上，弟子们惊慌失措，每个人均做好了向师父赔罪的准备。

当慧宗禅师回来得知此事后，并没有责怪弟子们。弟子们都疑惑不解，于是，弟子们问道："我们将师父如此钟爱的兰花摔坏了，为什么师父不会恼怒呢？"

慧宗禅师听后笑着说："生气并非我种植兰花的初衷，并且生气也不能让我的兰花复活，所以说，生气是毫无用处的呀。"

通过这个故事，我们可以看出，慧宗禅师无疑是一个智者，虽然他那么钟爱兰花，却没有因此而恼怒，训斥自己的弟子们，这是因为他明白就算自己愤怒，也解决不了问题，所以他没有做这些无谓的事情。

同样的道理，在我们的实际生活中，我们每个人都应该学习慧宗禅师的平常心，平静地接受那些既成的事实，而不是因此而生恼怒。总的来讲，我们应在生活烦恼的追逐中平复我们浮躁的心，从而体现出自己拥有的大智慧。

实际上，平常心指的是对于一切事实，我们都应以平静的心态欣然接受，也许现实是好的，也许现实是坏的。其实，以平常心接受一切事实之所以是人生大智慧，是因为它不仅是对待荣誉和幸运的心态，而且也是对待困难和挫折的心态。

美国生理学家摩尔根经纽约前去瑞典领取诺贝尔奖，当天夜里，他来到一位朋友的家里，当他的朋友出门迎接这位大名鼎鼎的现代遗传学之父时，只见他身穿着一件不合身的旧大衣，他的朋友十分惊讶地说："你就准备这样去领奖吗？"摩尔根回答说："怎么？这还不够吗？"再细看这件旧大衣，它的一侧口袋里装着用报纸裹着的袜子，另一侧口袋里装着必备的生活用品，说起那时的情景，摩尔根简直就像一个做生意亏了本的人。

在我国也有不少成功人士具有平常心的例子，比如，我国的核动力专家彭士禄院士，他在4岁的时候就成了孤儿，并被关进了监狱，其父亲就是著名的烈士彭湃。彭士禄从小囚徒到院士，可以说，他的一生经历了无数的坎坷，经受了多次的磨砺，对此，他曾经这样说过："当一个糊涂人最难，凡对私心如名利、晋升、提级、涨工资、受奖等，越糊涂越好。"

实际上，彭士禄所讲的"糊涂"则为平常心。

在成功者的眼里，无论享有什么样的辉煌，那只不过是人生中的一场焰火而已，瞬间即灭；而对于失败者而言，他们总是不能迅速地摆正自己的心态，并且还会跌入无比漆黑的"深渊"。在现代社会中，有不少人都选择了背负荣誉，让自己变得疲惫不堪，为权力而纷争，被名利所诱惑，整天权衡得与失，可以说，这些纷扰将他们折腾得日日不安，根本原因就在于，他们不能以平常心接受眼前的事实。

人的欲望总是无限的，我们当然不会全部得到满足，也就是说，我们的所得总是有限的。如果每个人的精神也跟着现实垮台，那么我们将会永远觉得生活黯淡无光，同时，失落和失意也会跟着浮上心头，要知道，平常心才是对付这些消极情绪的最好武器。

有这样一句令人深思的话："宠辱不惊，闲看庭前花开花落；去留无意，漫随天外云卷云舒。"这句话尽管寥寥数语，却将我们在一生中应持有的正确心态道了出来。得多少，失多少，喜多少，忧多少，其实这些并不重要，重要的是，自己心境平和、淡泊自然，将自己有限的生命投入到无限的事业中去奋斗和拼搏，这才是人生的大智慧。

在实际生活中，我们每个人总是免不了抱怨有太多的不完美，但是自己却又不愿意付出太多，只希望自己的收获不断。不管做什么样的事情，我们都应该明白"有进有出"的道理，也就是说，有付出才会有结果，无论结果是好是坏，我们都要持有一颗平常心。

每当我们感到不满足的时候，我们都会起浮躁心、埋怨心、比较心，在自己无法平静、无法调整心态时，不妨站起来，推开心灵之门，将忌妒和虚荣统统扔出去；或者给自己泡一杯暖暖的茶，让其洗涤心灵的卑污，从而留下久远的清香；或者换个思路考虑问题，你很快就会发现阳光总在风雨后。总之，在自己感到神经脆弱的时候，不妨让自己的心平静下来，接受眼前的事实，停止伤害自己的心灵，也只有这样，我们才能活出精彩的人生，才能被这个世界温暖的阳光所普照。

/ 简单生活中的小美好 /

我们生活的这个时代，有越来越多的人让自己的内心充满了虚荣，让内心经常处于交织复杂的状态，所以有的人因此失去了心灵的宁静。为了早日拥有一套属于自己的别墅，或者为了拥有豪华的小轿车，整天心力交瘁，让自己无法得以轻松；或者是为了职位的提升，而无奈地让自己整天戴着一副假面具亮相于领导面前，长期隐忍……实际上，很多时候，每个人都需要问一下自己的内心：这些真的就是我们想要的吗？我们要永远陷入这种难以名状的复杂心理状态吗？

有这样一个俱乐部，有数十名成员，全都是头发灰白的老者，而且全都是单身人士。他们一有时间就聚集在一起饮酒、讲故事。该俱乐部的主要宗旨是在西部的高速公路上打发光阴，他们的最新休憩地点设在了斯拉布城。

作为该俱乐部成员之一的伊尔玛·鲁思和他的两位朋友倚靠在一辆满是泥土的汽车后面，不无感慨地说："我从1991年起就成了全职旅游者，我们都喜欢这样的自由生活。"其实，他们三个人的年龄都超过了60岁。

霍西·罗恩插言说："你会意识到你根本不需要你的那些家当，而且每天都有新收获。"

埃尔伍德·威尔逊接着说道："你以为我们会愿意整天闲坐着不动吗？"他喝下一大口米尔沃基啤酒后说："绝非如此。"是啊，他们上了年纪，完全可以住进退休者之家，每天每夜地守在电视机旁，照顾儿女和孙辈的生活，谁愿意过这样的日子呢？其实，他们所向往的是没有尽头的公路，特别是那些高速公路。

曾经有研究这种文化现象的学者发现全职旅游者现在已经超过了100万，而且他们的队伍还在不断地迅速扩大，而目前早已经有了专为以公路为家的老年人服务的医疗保险计划、网址等。

如今，因为提前退休的人越来越多，医学的进步也使更多的老年人健康长寿，一些新型车辆完全让他们将公路变成了自己的家。所以，许多人卖掉了房子，把家当存放了起来，把终生的储蓄兑换成了现金，与自己原来的生活方式彻底地告别了。他们驾驶着各式各样的车辆，冬季穿行于西部广袤的沙漠，夏季漫游于美丽的森林，然后再转动方向盘，向新的目标进发。

有的人竟然习惯了这样的生活方式，以至于不能接受其他生活方式了。

退休护士佩吉·韦布自五年前和她的老公将房子卖掉，就一直驾车漫游。一天早上，她说道："我从未想到我会有这样的勇气。然而，我们的孩子已经独立了，我们住在空空荡荡的房子里，无所事事。于是我们便上路了，现在我认为，我要永远这样简单地生活下去。"

是啊，在匆忙紧张的繁华都市里生活，有太多人在虚荣心的驱使下，将自己的目光聚焦于物质和外表形象等方面，却忽视了一种简单自由的生活方式。殊不知，生活简单，会让我们找回心灵上的宁静，也只有真实的自我才能让自己慢慢快乐起来。

梭罗曾经这样说过："大多数豪华的生活，以及许多所谓的舒适的生活，不是必不可少的，反而成了人类进步的障碍，对于豪华和舒适，有识之士更愿过比穷人还要简单和粗陋的生活。"很多真实的事例，也的确让我们看到了，当我们需求得越多，我们就越不快乐；当我们需求得越少，我们就越愿意选择简单，自由就会更多一些。

可以说，我们每个人每天都在跟时间赛跑，结果我们买到了称心如意的大房子，乘上了舒适美观的小汽车，然而，奇怪的是，我们却失去了最纯真的快乐，生活反而变得错综复杂。所以说，我们不仅要活着，还要简单、潇洒、快乐地活着，因为我们无须试图去做所有的事情，去替我们的后代做太多的考虑，更不要让自己沦为城市里可怜的房奴和车奴。

在现代社会中，一种新型的生活方式便是简单主义，凡是明智者，都宁愿放弃奢华的生活，而选择让自己简单起来。选择简单的生活就是选择精神的自在，选择简单的生活就是选择心灵的单纯。我们每个人千万不要让自己的物质欲望变成一个无底洞，永远填不满这颗贪婪的心，物质在生活中是必需的，但是，只有物质和精神平衡才是最好的。

让生活简简单单就是一种幸福。比如，同学聚会上，我们见到了老同学，相信那种久违的感觉一定会带给我们几分温馨和激动；在遥远的异地，收到了来自亲友的明信片，相信这远方的祝福一定也会带给我们几分惊喜和感动……

让生活简简单单就是一种幸福。一首我们喜爱的歌、一支动听的曲子，我们在欣赏音乐的同时，可以将纷乱了一天的心慢慢地静下来，也可以与家人共享，也可以边料理家务，边听音乐；当我们疲惫不堪的时候，轻啜着爱人为自己倒的一杯清茶、一杯咖啡，我们的心情也会格外清朗……

当然，让生活变得简单起来，并不意味着让我们将理想和目标放弃掉，而是在匆忙之中，调整和平复我们的内心，从而走好接下来的每一步人生路；让生活变得简单起来，并不意味着让我们将对生活的热情放弃掉，而是从点滴中寻找生活的真谛，从而让自己充实和快乐起来。

所以说，让我们每个人放下沉重的负累，将自己的心扉彻底敞开，以简单的生活哲学看待生活中的人和事，积极地面对人生，让自己虚荣少一些，快乐多一些，舒畅多一些，焦虑少一些，从简单中找回内心的一份宁静。

做个"快活族"，牵着蜗牛散散步

2003 年夏天，小李在失业半年以后有了自己新的想法，她创建了一个网站，专门组织同城聚会，聚会活动丰富多彩，有时候是一堆人在湖边谈天说地，有时候是集体看一场电影，有时候是去城市周边登山，有时候是一起聚在老茶馆喝大碗茶。

其实，小李办此网站的初衷非常简单——因为在她失业期间，心情很郁闷，自己也总希望能找个人说说话，或者和一群志趣相投的人聚在一起娱乐，所以，她希望失业者们都能获得快乐，从而使情绪得到缓解。网络上很多人喜欢她的这个创意，因为，它确实让人感到了轻松和自在。

小李创建的这个网站叫作"心灵假期"，"每个人都应该学会给心灵放个假"是该网站的宣传语。如今这个年代，越来越多的人喜欢上了这种交流方式，小李的网站也由原来的个人小站，成了大型的公共网站。

　　在现代社会，尤其是在大城市中，有很多人都是标准的"快"活族，也就是说，吃饭速度快、思维速度快、开车速度快。甚至，有不少人快习惯了，许多人都开始无法忍受那些言语慢、动作慢的人。实际上，"快"活族应时刻记着给自己的心灵放个假，让自己在忙碌之中获得必要的放松，只有这样，才能有助于自己的身心健康，才能走好更远的路。

　　曾记得，有这样一则《蜗牛散步》的寓言故事：

　　一个人牵着一只蜗牛出去散步，蜗牛每挪动一步，只是稍微一点点。但是蜗牛已经在尽力地爬了。

　　因为这个人是个急性子，所以他就使劲地拉蜗牛，催促它，呵斥它，责骂它，甚至踢它，而蜗牛却依然按照自己的节奏爬行。这个人见此情景，便开始抱怨起了上帝："上帝啊！为什么让我带一只蜗牛散步啊！"

　　于是，这个人就朝着天空大喊，无奈之下，他也只好任由蜗牛慢慢地往前爬。此时，他突然闻到了一股花香，也听到了清脆的鸟叫，看到晶莹的露珠在树叶和草茎上闪烁，于是，这个人顿时豁然开朗——原来，这只小蜗牛是带着我的心灵散步呢。

　　这则故事告诉我们：人的一生分好几个重要阶段，可以说，每个阶段的风景都是绚丽灿烂的，只要过了这个阶段，它就将一去不复返。如果我们让自己适当地慢下来，享受一下温暖的阳光，欣赏一下路边的美丽风景，体悟每一份感动和惊喜，时刻不忘舒缓我们的心灵，那么这样的精神世界，自然就会给我们的人生增添很大的乐趣。

　　俗话说得好"欲速则不达"，现代的生活就像是一种循序渐进式的

"链接"，在高节奏、高速度的生活和工作中，"快"活族真的需要给自己的心灵放个假。因为，自己的要求再高，也要遵循"该快则快、能慢则慢"的基本原则。如果我们愿意给各种不一样的速度一个足够大的空间，我们的世界将会无比精彩。

一旦我们掌控住了生活的速度，懂得何时慢一下，何时要快起来，何时驻足，何时跃起，我们就不会因为快跑而将人生之路两旁的风景忽略掉，与此同时，我们也能细细品尝到生活里的好滋味。

作为现代社会中的"快"活族，每个人都渴望着成功，但只是为了这个，将自己弄得紧张兮兮，甚至疲惫不堪那又何必呢？在每个人的人生之路上，都需要适当地慢一点，多给自己的心灵放假，从而体味生活和工作中的诸多乐趣，否则，人生便会留下不少遗憾。比如，周末和自己的爱人进行短途旅行不失为一个好主意，或者在周末与家人一起泡杯清茶、聊聊天等，也是一个很不错的主意。总之，对于"快"活族而言，慢下来是很有必要的。

我们每个人平日的生活过于匆忙和紧张，往往时间也被切割得很碎，自然也会有很多担忧，担心自己的工作有没有出错，担心自己的书会不会按指定时间阅读完？确实如此，如今生活的节奏太快，但更多的是，我们每个人应让自己的大脑适当地放缓运转，别忘了"检修"自己的心灵，从而及时地了解它、认清它、释放它，让自己回归到一种"慢"生活，以"慢"姿态将我们的心灵和生命生动、丰富起来。

生活和工作不可能总是让我们感到如意，一旦有压力、打击和挫折，我们都要学会释放我们的内心，找家人倾诉；接触一些有阅历，具有乐观天性的人，从别人那里得到更多快乐的讯息，从而让积极情绪占据主导地位；要适当地进行户外运动和户内运动，比如，爬山、做瑜伽等，这样一来，我们会很快打开心灵视野；通过哭的方式把自己的烦恼倾泻出来，这样就会让自己的心灵有更强的承受力。

所以说，在城市打拼的"快"活族，一旦意识到自己累得快要倒下，烦恼丛生的时候，不妨认真观照自己的内心，弄清楚烦恼的根源究竟在哪里，烦恼是怎样产生的，烦恼是如何对自己产生影响的？只要知道了这几项主要的问题，我们的心灵就会得到一定程度上的缓解和释放，从而让我们的脚步"慢"下来，静静地倾听我们自己的心声！

/ 你担心的，也许永远不会来 /

心灵最大的枷锁，莫过于让自己活在长期的恐惧情绪里。一旦恐惧情绪控制了我们的言行，它会把我们的精力和热忱消耗掉。

当我们处于恐惧情绪中时，内心会不停地在毁灭性和建设性之间进行角逐，恐惧的那一部分总是会与勇敢的那一部分发生战争。如果勇敢战胜了恐惧，那我们就能付诸行动，一步步实现梦想；如果恐惧战胜了内心的勇敢，结果可想而知。

实际上，我们每个人的心中都住着恐惧，同时也住着梦想。恐惧是我们心中的敌人，而梦想是我们心中的朋友。恐惧会无时无刻地试图破坏掉我们的快乐，它会阻挡我们进一步成长，会让我们变得更加孤立无援，会让我们放弃自己的梦想，会让我们走向失败的终点。也许读了下面这则故事，我们就能更为了解"恐惧"。

为了领略到山林的野趣，卫斯理独自来到一片陌生的山林，左转右转，后来，他迷失了方向。正当他焦急的时候，从不远处走来一个挑山货的漂亮少女。

少女对卫斯理微微一笑，说："先生，您是从景点那边迷路的吧？你跟我来吧，我带你抄小路往山下赶，山下一定有你可以回家乘坐的汽车。"

于是，卫斯理跟着少女穿越了山林，此时的阳光闪耀出温暖的光芒，正当他陶醉于这美妙的景致时，少女对他说："先生，鬼谷就在前面，它是这片山林中最危险的路段，如果不小心就有跌入深渊的危险，我们这儿的规矩是路过此地时，要想安全通过，就必须将一些东西扛在肩头。"

卫斯理感到不解，问这位少女："这么危险的地方，如果再负重前行，岂不是更加危险了吗？"

少女笑着回答道："其实道理很简单，只有自己意识到危险了，才会更加集中精力，这样一来，就不会有危险。这儿发生过好几起坠谷事件，都是迷路的游客在压力全无的情境下摔下去的。像我们这里的人每天都挑东西来来去去，却从来没有发生过这样的事故。"听完少女的话，卫斯理冒出了一身冷汗，对少女的话无法相信。于是，卫斯理提议让少女先走，独自一人去找寻其他的路，以顺利穿过山林。

少女没有办法，只好一个人走了。

接下来，卫斯理在山间来回绕了两圈，还是没有找到去山下的路。

此时天色渐晚，卫斯理犹犹豫豫，由于夜里的山间非常危险，在此地过夜，他内心十分恐惧；若要穿过鬼谷下山，他内心也是充满了恐惧。

没过多久，山间又走来了一个挑山货的少女，陷入极度恐惧的卫斯理赶忙将对方拦住，请求对方帮自己出个好主意。少女听完他的话，一声不吭地将两根沉甸甸的木条递到卫斯理的手上。于是，卫斯理默默地跟在少女身后，最终顺利地穿过了鬼谷。

后来，又过了一段时间，卫斯理想再次尝试一下，于是有意挑着东西又走了一次鬼谷。他很快发现这个地方并非像第一个少女说的那么恐怖，真正的恐惧是来自于自己的心中。

是啊，在我们每个人的生命里，在很多时候，我们口口声声要做某件事，却迟迟不肯采取实际行动，总是拖拖延延；有时我们大张旗鼓地准备改变自己，却总是不肯着手去做；有时我们下决心一定要在某个时间里达成一定的工作业绩，却始终不肯付出努力；有时我们打算去承担某些风险，却唯唯诺诺不敢独当一面。究竟是什么原因将我们的脚步牵绊住了，其实是内心的一种恐惧，因为我们害怕失败，害怕遭拒绝，害怕辛苦，于是，这要命的恐惧就将我们的热情和生命力悄悄地偷走了。

事实上，我们的心之所以会在潜意识中阻拦我们的行动，是因为，它要通过"担心"和"恐惧"来使我们感到害怕，警告我们接下来要做的事情是可怕的。与此同时，当我们的心灵接收到这一讯息以后，会不自觉地让自己远离可能要受伤的情境，但是我们一定要记住，恐惧的源头尽管不是自卑自弃，但是恐惧最终会将我们的梦想和快乐打破。更何况，我们所担心和恐惧的，也许根本永远不会来。

当感到非常恐惧的时候，我们要勇于从中挣脱出来，一定要知道如何去诠释这些恐惧，将其看作是一扇很敞亮的大门，只要我们穿越过去，就意味着我们完成了一次美丽蜕变。总之，要战胜恐惧，应勇敢地站在风雨之中，不受任何外界环境之困扰，被恐惧所抹杀，而是要冲过去，将恐惧克服掉，从而实现自己的美丽梦想。

第八辑

当你懂得缺憾
也就懂得了人生

因为不完美，生命总有无限可能。包容遗憾，谅解遗憾，然后与不完美的人生和解，让阳光照进生命，依阳光而行。

没有缺憾的人生不算完美

在这个世界上，没有一个人的人生是没有缺憾的。换言之，完美的人生是不存在的。有的人，不完美体现在"心灵"方面；有的人，不完美体现在"肢体"方面；有的人，不完美体现在"做人做事"方面。总之，"完美"这个词强加在任何一个人身上，都是无法成立的。

如果你选择了接受自己的人生，那么同时也意味着你接受了人生中的缺憾。或许你觉得，这是不公平的。可是为了生存、为了可能存在的幸福和完整，你没有其他的选择。

有的时候，我们觉得自己不完美，而刻意地去追求，一旦得到以后，自认为已经很完美的时候，却又失去了原本应有的那份幸福和快乐。读完下面这则童话故事，你一定会受到启示。

一个不完整的圆，想要找回一个完美的自己，就踏上了寻找碎片的行程。

因为这个圆是不完整的，所以，它滚动的速度不快，也正因为如此，它领略了沿途美丽的风景，还饶有兴趣地和小虫子们聊天，这一路上，它非常开心。

接下来，它陆续寻找到不少形状各异的碎片，但它们都不是它缺失的那一块，于是，它继续努力地寻找着真正属于自己的碎片……直到有一天，它的心愿终于得以实现。

可是，现在的它太完美了，所以滚动得很快，无暇欣赏花开时节的鲜艳，当然也无法和小虫子们说话。一想到这些，它毅然将历经努力才寻找到的碎片舍弃了。

最终，它又找寻到了之前的那份快乐。

这个重新完美化了的圆，固然有其可怜之处——失去了领略一路风光的好机会，同时也失去了一份质朴味道浓厚的快乐。看来，没有任何一个圆是真正完美的。同样道理，我们人类也是如此，所以根本就无须给"完美"去画感叹号。

现实生活中，总有不少人为力达"完美"，想尽一切办法去实现。殊不知，这种对于完美的热烈追求精神，反倒映射出了一种令人发笑的盲目、无知和妄想。总之，"完美"论是不成立的，如果有"缺陷""瑕疵"，不妨坦然去面对和接受。

有一个渔夫，从海里捞到一颗大珍珠，他觉得十分宝贵，一直爱不释手。

但是，让他感到遗憾的是，这颗珍珠上面有一个小黑点。于是，这个渔夫心想："假如去掉珍珠上的小黑点，该多好啊！"

就这样，渔夫拿起小刀试图将珍珠上的黑点刮掉。可是，刮掉一层，小黑点依然存在，再刮一层，小黑点还在上面，当刮到最后的时候，小黑点终于不见了，但是珍珠也不存在了。

故事中的渔夫在刮掉小黑点的同时，也失去了宝贵的珍珠。实际生活中其实也不乏这样的人，为了追求所谓的完美，而将原本可以拥有的东西无意中丢弃了，这样一来，常常会出现"愿望落空"的现象。

　　我们每个人都是独一无二的，有各自的优点和缺点。只要我们在学习、生活或者工作的过程中，对自己充满信心，尽自己所能将事情做到最好就可以了。尽管没有完美的人，但是会有完美的结局。在面对磨难和挫折的时候，关键在于，我们能否鼓足勇气，努力奋斗，所向披靡，最终为自己的人生画上一个大大的完美句号。

　　在现今社会中，一些做父母的，总希望自己的子女在同龄人群中"鹤立鸡群"；我们身边的一些朋友，总会在我们有过失的时候给出"雪中送炭"般的好建议，从而指正我们的错误；我们的上级领导，也许会在我们最脆弱的时候扔来"当头一棒"……所以，我们在类似的情况下，会不自觉地背负上不小的压力。

　　实际上，不管是精神疲惫还是放纵自己逃避现实，都是自己折磨自己、捉弄自己的具体表现。这个世界本身就不是完美的，更何况人呢？无论你的性格是怎样的，自然会有一种法则去平衡其中的美，因为一切都是相对而言的，有顺利就会有波折，有鲜花就会有荆棘，有欢笑就会有泪水。

　　总之一句话：世上没有"完美"的人，在角逐成功的舞台上，就让我们在接受现实各种挑战的同时，始终保持一种乐观、自信的积极心态，并且还要始终相信，我们会像大鹏展翅一样，用近乎完美的姿态飞向海天一色，为自己的人生铭刻上最美的记号。到那时，我们会充分感受到，我们用最美的姿态活出了最真的自我，与此同时，世界以它最广阔的胸腔，给了我们最大的拥抱。

读懂自己，方可接纳自己

　　在人生的旅途上，不管是苦与乐，还是得与失，我们都要学会坦然地接纳和挑战。如果将人生比作一部电影，那么，自己就是整部电影的编导，不仅要负责安排好所有的故事情节，还要负责读懂自己，接纳自己的一切。也只有这样，我们才能实现每一个目标，才能更好地解读人生。

　　接纳自己就是将自己认识得清清楚楚，而非画地自限；接纳自己，就是接纳自己的因缘，从本质出发，在实际生活中实现自己的理想和愿望。每个人要想让自己的生活变得有朝气、有活力，那么就必须接纳自己的所有，不管自己的优势还是劣势。如若不然，就等同于迷失了自己、否定了自己，这样一来，生活便会一团糟。

　　一天，子祀去探望生病的好友子舆，两个人一见面，子舆竟然在子祀面前调侃了自己一番："造物主竟然将我的模样变成了一个驼背！背上生了5个疮口，面颊因伛偻而低伏到肚脐，两肩隆起，高过头顶，脖颈骨则朝天突起。"

　　其实，子舆由于感染了阴阳不调的邪气，模样才变成今天这个样子的。只见他神闲气定地踱步到井边，从井里照见了自己的样子，他带着戏谑的口吻说道："怎么？造物主又将我变成了这番搞笑的模样吗？"

　　子祀问子舆："你是否对这种病感到极其厌烦呢？"

　　子舆回答："不是这样的，我为何会讨厌它呢？如果让我的右臂变成

弹弓，我便选择用它去打斑鸠；如果让我的左臂变成一只鸡，我便会选择
在夜里为人们报晓；如果让我的尾椎骨变成车辆，我的精神幻化成为一匹
马，我便选择用它遨游世界。总的来讲，人要学着安于时运而顺应变化，这
样一来，哀乐就不会侵扰人心，即为'解脱'（悬解）。凡是不能自我解脱
的人，一定是受到了外物的束缚；相反，那些能够自我解脱的人，自然不会
受到外物的捆绑。我现在的模样是我无法改变的，我又为何不接纳它呢?"

　　这个故事出自于《庄子》，它揭示了生活中的大智慧——每个人都必
须接纳自己的所有，按照自己的本质，在实际生活中，相信自己，勇敢克
服困难，努力实现人生的抱负。如果不懂得接纳和实现的重要性，人生的
辉煌将永远不会展现在我们面前。也只有读懂和接纳了自己，我们才不会
徒增烦恼，才不会疏离生活。

　　在人生之路上，只要多一次受挫，便能更深一层读懂人生；只要多一
次失误，便能更进一步读懂自己。如果不善于接纳自己，痛苦和彷徨便会
不请自来，如果违背了自己内心的想法，空虚和不安也会接踵而来。一旦
读懂了自己，肯于接纳自己，就不会因磨难而恼怒，更不会被表象所蒙蔽。

　　有这样一则寓言故事。

　　乡下老鼠和城市老鼠的关系很要好，一天，乡下老鼠写信给城市老
鼠："城市老鼠兄，如果有时间，一定来我们这里做客哦。我这里特别的
美，空气也非常新鲜，你会感受到这里的生活是如此悠闲。"

　　城市老鼠收到了乡下老鼠的来信，十分开心，立刻动身前往乡下。到
了那里以后，乡下老鼠将不少大麦和小麦拿出来给城市老鼠看，见此，城
市老鼠不以为然地说："我感觉这里的生活太清贫了，这样吧，还是你去

我家做客吧！"

就这样，乡下老鼠前去城市老鼠家做客。

乡下老鼠一看见城市老鼠家的房子既清洁又漂亮，心里十分羡慕。想到自己在乡下从早到晚，奔波于农田，冬天还得到雪地里刨寻食物，夏天更是辛苦，和城市老鼠相比较，自己确实不太幸运。

过了一会儿，乡下老鼠便爬到城市老鼠家的餐桌上享受美味的食物。突然，有个人"咣当"一声将门打开，走了进来。城市老鼠吓得像丢了魂魄一样，拉着乡下老鼠躲进了墙角的洞里。

后来，乡下老鼠哆哆嗦嗦地对城市老鼠说："我认为，我还是更加适合乡下生活。这里虽然有豪华的房子和美味的食物，与其每天这样精神紧张地活着，还不如回到乡下过得更快活。"乡下老鼠说完以后，迅速离开了城市老鼠的家。

故事中的乡下老鼠和城市老鼠有着不一样的个性、习惯和生活方式，虽然它们都对彼此的生活环境充满了好奇，但是，最终它们还是各自回到了自己舒适、快乐的家。对此，马尔登曾经这样说过："我们在构筑自己的目标的时候，也要充分考虑自己的个性、习惯。"

在现实生活中，有不少人在问题"丛生"的时候，根本就不懂得怎样去做相应的处理，关键原因在于其对自己丝毫都不了解，更不懂得自己的优点是什么，缺点是什么，最后的结果必败无疑。

对于上述这种情况，我们唯一的解决方法是：重新做选择、重新下决定、重新定方向。也就是说，在了解了自己的发展强项之后，弄清楚在哪方面发展对自己更有利，从而确立具体的行动方向和目标。其实，每个人的才能和素质都存在着差异，若能避开自己的劣势、集合自己的所有优势，将其合理利用，这样才不至于使自己的才华被埋没；若读不懂自己，更不肯接纳自己，就无从谈起悦纳自己，自己人生的成功也将"难于上青天"。

一个人只有读懂了自己，肯接纳自己的所有，才能有更深层次的自知度，才能更好地设计自己，才能从事自己最擅长的工作。当然，如果一个人只是一味地否定自己，那样只会令自己焦虑不安，无法挑战突如其来的磨难。总之，我们应学会根据自己的"身材"为自己"量身定做"，唯有认真了解、接纳了自己，才能有"攀上成功巅峰"之希望。

选择包容缺陷，才能更爱自己

俗话说得好："金无足赤，人无完人。"每个人都有自己的缺陷，关键在于，我们在认识到这一点的时候，如何去做？是选择逃避，还是选择面对，关键就在于我们自己。如果我们期待成功，那么就应该正视缺陷、接纳缺陷，和缺陷做朋友。只有这样，我们才能勇敢地"剿灭"失败，才能活出自己的风采。

或许我们每个人都期待自己是那完美中的一个，但是，"残酷"的现实却并非如此：不能讲一口标准的普通话，无法参加演讲大赛；文字功底浅，无法去报社工作；唱歌五音不全，无法报考音乐专业；身材肥胖，无法成为名模……现实中的诸多缺陷难免会让怀揣梦想的我们有几多遗憾、几多叹息，在面对缺陷时，我们不妨让自己当一回"阿Q"。

在罗斯福很小的时候，他就有着一副十分"抱歉"的面孔——牙齿暴露在外，长得参差不齐，就连神态也显得畏首畏尾。在那个时候，这些缺陷几乎都成了他遭受嘲笑的主要原因。

另外，罗斯福还有气喘的毛病，所以当他在教室里被老师唤起来背书时，他的呼吸会变得急促，两腿发抖，牙齿也会磕打个不停，同时脸上还显现出一副紧张不安的神情。他背出的句子也是含糊不清，没有一个人可以听懂，背完后，便颓然坐下，如同累得疲惫不堪的战士。

可能大家都会觉得罗斯福是一个性格内向、文静厌动、神经过敏、不喜交际、常常自怨自艾的人，然而，这样的看法却是不对的。因为罗斯福并未因自身具有的一些缺陷而气馁，相反却因此增强了他的奋斗精神。后来，他通过自己坚持不懈地努力和学习，将气喘声化为行动的声音，把齿唇的颤动和内心的畏缩化为出色的口才和富有自信力的行动。

每次当罗斯福看到其他孩子们正在玩耍，或者正在进行种种剧烈的运动时，他也踊跃参加，从不退让。与其他孩子无任何区别的是，他同样擅长骑马、赛球、游泳等运动。

罗斯福总是以那些具有优秀品质的孩子们为榜样，不管自己所处的环境多么恶劣，他总是勇敢地面对，从不退缩。在对待同伴们时，他总是很谦和，也总是主动帮助别人。可以说，他克服了自怜和自卑的心理，拥有了一种舒坦而快乐的心境。

不得不说，自身的缺陷造就了罗斯福一生的奋斗精神，在他的人生历程中，这可谓是一笔不小而又可贵的资本。他从来没有将自己视为一个懦弱无能的人，在升入大学前，他每天都鞭策自己，运动和生活都安排得很好，后来，他恢复了身体健康，成为精力超众、强健愉快的人。除此之外，罗斯福经常在假期里到亚历山大去追逐牛群、到洛杉矶去捕熊、到非洲去捉狮子，不管做什么，他的姿态都是极其勇敢的、坚强的，没有谁会将他与曾在学校里受窘的那个小学生联系在一起。

正是由于具有缺陷，罗斯福才有了奋斗前行的动力，才有了如钢铁般坚韧的毅力，这一切，给他带来了人生的转机，成就了他"美国第 26 任总统"这一功名。

在现实中，往往事情就是这样的，缺陷之处常常是一个人萌发生机和活力的地方，这就需要我们具有直面缺陷的勇气。在这一点上，我们应该学习罗斯福的奋斗精神：培养坚强的意志力，培养坚韧的毅力，时刻不忘督促自己，给自己的人生创造有利转机。

也只有勇敢正视自己的缺陷，才能将心灵上的阴影驱逐干净，才能坦然面对别人抛来的冷言冷语，才能做到不卑不亢。生活也好，工作也罢，我们不仅要始终如一地坚持下去，还要扬起有力的风帆，让自己的理想成功地远航。

勇于正视自己的缺陷是一种智慧。当与缺陷面对面时，一旦我们意识到通过不断努力就可弥补它的时候，我们完全可以将这种缺陷视为一种压力，然后将压力转化为一种动力，从而点燃我们的斗志，最大化地弥补缺陷；如果我们清楚地意识到缺陷已经没有办法弥补的时候，我们可以扬长避短，保持一种乐观心态，让自己的优势得到充分的展现。

事实上，缺陷就如同一根弹簧，我们给它施加的压力越大，它的反弹力也就越大。因此说，对于缺陷，我们不仅要正视，而且还要包容，对待他人要真诚，同时对自己也不能失去信心，更不要受缺陷的困扰，活出一个独特而自信的自己。

除此之外，我们还要勇敢地挑战缺陷，全然发挥自己的才能，通过努力为缺陷摘掉"劣势"的帽子。文字功底浅，我们可以通过看书、写作等方式去学习，从而完善、提高文学水平；讲不好普通话，我们可以通过相应的手段去补充"营养"。

总之，有缺陷并非一件可怕的事情，我们要以一颗坦然的心、包容的心、自信的心、勇敢的心正视它。如果我们做到了这一点，就相当于我们迈出了成功的第一步，当面对缺陷的时候，不妨悄悄告诉自己：有缺陷，我不怕，因为我要的是正视缺陷、辛勤努力后的结果！

/ 自信，成就你的无价 /

有一位高僧，他将一个孤儿叫到跟前，指着一块陋石说："你将这块石头拿到集市上去卖，但是，无论出现怎样的情况，不管谁买，你都不要卖。"

于是，这个孤儿就按照高僧的吩咐，带着石头来到了集市，第一天、第二天果然没有人前来过问，到了第三天，确实有人来问了。到了第四天，石头能卖到的价钱就已经很高了。

高僧又对孤儿说："你把石头拿到石器交易市场去卖。"果然，在第一天和第二天，没有人过问，而到了第三天，就有人围拢过来，在接下来的几天里，石头的价格已经很高了。

高僧又对孤儿说："你再把石头拿到珠宝市场去卖……"结果，又出现了高僧预料的那种情况。

最终，这块石头的价格竟然超过了珠宝的价格。

　　这个故事告诉我们：如果认定自己是块很不起眼的陋石，那么，你将永远都只是陋石而已；相反，如果你认定自己是一块无价的宝石，那么，你也许就是一块无价的宝石。

　　其实，我们每个人的身体里都有一股自信，高僧之所以那样告诉孤儿，实际上就是在挖掘他的自信。应该说，自信在一个人的身上能够起到重要的影响力，甚至会使结果变得神奇；自信是人类的珍宝之一，它不仅可以使我们抛弃消极的情绪，而且还能让我们从失败中看到希望。如果我们没有了自信，那才是最可悲的，甚至是无药可救。

　　但是，在现实社会中，确实有许多人一遇到困难，就会丧失自信，同时，还会对周围的一切抱怨不已。要知道，自信是完全可以成就一个人的。比如，如果不是因为有自信，也许张海迪一生都处于黯然之中；如果不是因为有自信，也许霍金早就将自己的生命结束了。

　　事实上，一个人拥有自信才是最美的，因为自信是支撑一个人活下去的力量，是治愈创伤的一剂良药。凡是坚持自己的信念，按照计划行事，并有信心完成的人，才更容易获得成功。

　　有这样一位保险业务经理，他是这样要求业务员们的，每个人在每天早上出门工作之前，必须先照着镜子花费五分钟的时间看着自己说："你是最棒的保险业务员，今天你就要证明这一点，明天也是这样的，以后更是这样的。"

　　后来，经过这位业务经理的安排，每个业务员的爱人，在自己的爱人出门去工作之前，都会主动告诉他们："你是最棒的！因为，今天你就会通过自己的行动证明这一点。"

　　其实人活着，从某种意义上来讲，就是为自信而生的，也是因为自信而美丽的，一旦我们丧失了这种自信心，那么，我们在人生路上就如同失去了根一样。

所以，不妨轻轻地告诉自己，我们的命运是把握在自己手里的，只有建立自信之后，我们才能在困难面前变得更加坚强，才能不被自卑所击倒，才能进而激发出蕴藏于我们身体里的那种潜能，我们才能更好地正视自己，因为有自信才是最美的，也只有拥有自信，我们才能看到成功的希望，才能最终实现我们的梦想。

在人生之路上，即便我们遇到了坎坷，我们也不要抱怨他人，不要抱怨老天不公，因为，困难和挫折是对我们自信心的一种考验。我们每个人虽然都是平凡的，但是，只要有了自信，我们就能不被世间的功名利禄所累，就会以一颗感恩的心勇敢地面对生活，面对工作和生活中的一切不如意。

如果我们丧失了自信，那么，成功就会变得无望。凡是那些成功的人士，没有谁是没有自信心的。但是，有自信只意味着我们才成功了一半，并不是全部，而凡是自信满满的人，也都是凭借着自己的辛勤努力，去实现自己的理想，实现自己的目标，而那些自卑的人则抱着一种侥幸的心理，没有自信，没有努力，又怎能轻易获得成功呢？

总之，无论在何时何地，无论遇到了什么样的艰难险阻，我们都要始终相信自己，只有当我们满怀信心地去实施行动，我们才会发现此时的我们很美丽，而不久之后，我们就会以更美丽的姿态站在成功的巅峰之上。

人生因为有裂缝，阳光才能照进

一次，一名中国学者前去日本进行文化交流。

在日本东京郊区有一家陶器店，这位中国学者在那里选了几件陶器，并请店主逐一做了点评，店主说："在所有陶器中，有这样一把壶，与其他那些有些许缺陷的壶比较，看起来精美许多，但在价钱上却低很多。"

学者听完这番话，感到非常惊讶，于是，店主解释说："尽管这件完美的陶器没有任何瑕疵，很漂亮，可是'太完美了'看上去就像是机器制造出来的，所以价格上就不会高。"

的确，一把完美得无可挑剔的壶，摆在我们面前的时候，我们难免会觉得它缺少了某种情趣和个性。与之相反，那些有着大大小小缺陷的壶，由于客观原因，在烧制的过程中，留下缺憾是没有办法避免的，但是，正是因为这些不完美，才赋予了其独特个性和美好情趣，同时这也深刻地表明了"不完美却反而更有价值"的道理。

战国时期，楚国有一个名叫支离疏的人，他的形体有很大缺陷。

由于支离疏长得过于奇特，所以，谁家的女孩也没有看上他。而支离疏却不这么想，在他看来，支离疏不全的形体却是一种福气。平时，支离疏总是靠给别人干家务活糊口度日，然而，他乐天知命，一直过着开心的日子。

后来，楚国君王计划打仗，派人在国内强行征兵，村里年轻力壮的小伙子们就像惊弓之鸟，四处逃窜。而支离疏呢，偏偏耸肩晃脑地跑去瞧热闹。官兵因未满额，于是，抓起支离疏就走，但是，经过细细打量以后，发现他生得如此怪异，就放开了他。

没多久，楚国君王要大兴土木，建造王官而摊派劳役，可以说，在那个时候，老百姓们叫苦连天，而支离疏却由于自己形体残缺，被免去了不少沉重的劳役。一到寒冷的冬天，在官府开粮仓救济贫病者之时，支离疏就挤上前去，保准每次都能领到三斗小米和十捆粗柴，这样一来，他可以在近半个月内，不愁吃喝，只管在炕上睡自己的大觉。

在那个战乱的年代，支离疏的缺陷非但没有给自己带来更多的不幸，反而还演变成了人人羡慕的好"福"气。其实，不管是生活中还是职场中，总有一些人无法容忍自己有任何缺憾，时时事事都在追求完美，要知道，完美追过了头，就会成为一种逃脱不开的负担，而带有缺憾的美感才是我们应该"青睐"的。

"我坚持我的不完美，它是我生命的真实本质。"这句西方格言映射在我们内心的是，没有所谓的完美，完美是不存在的，不完美不要紧，坚持做自己，体现自身价值才是最为重要的，而这也正是我们所探求的生命本质。

意大利人在建好比萨塔后，发现它在逐渐倾斜。当时，不管从哪个角度仔细审视，均属于建筑艺术上的一抹败笔。在那个时候，也有人曾经强烈呼吁要马上将它拆除掉。而在意大利人的内心深处，却早已默默接纳了这座形状不堪的建筑物。数百年时间过去了，比萨塔成了这个国家最著名的建筑，这也是很多人之前无法预料到的。

其实，我们的一生更像是一只苹果，有的看上去没有任何疤痕，但是，太完美的不一定是最甜的，而有的看上去或多或少有明显的虫眼，但是，却甘甜可口。是的，我们的一生包括我们自己，一定会有很多的不完美，但是只要我们用一颗无比包容的心接受路上的风风雨雨，人生定会呈现彩虹般的美丽。

有一个农夫，他有两个水罐，其中一个上面有条裂缝，另一个完好无损。

农夫每天拿水罐担水，完好的水罐总能把水从远远的小溪运到主人家，而不完好的水罐一到家水就仅仅剩下了一半。于是，这只不完好的水罐开始自卑起来。

有一天，这只自卑的水罐在小溪边对主人说："我为自己每次只能运送半罐水而自惭形秽。"农夫听后很吃惊，说道："难道你没有看见每次回家的路旁那些盛开的鲜花吗？长在你那边的就是它们，而它们并没有长在另一个水罐那边。你看，带给我们漂亮风景的不正是这些鲜花呀！"

当意识到自己有不足的时候，一定要以宽容的心态对待自己，往好的方面靠拢，正确看待人生中的每一步，要知道，"我也许不完美，但是，我要让这不完美凸显它的价值！"当消极情绪萌生的时候，要学会坦然认识、面对它们，要知道，"我是最棒的，我能够很快地快乐起来！"只要敢于接受自己的不完美，就不会被眼前的景象所吓倒，勇敢地去接受，不妨就从现在开始吧！

人生就是这样，一旦我们接受了自己、肯定了自己，就会在不远的将来发挥出自己的力量，在不完美中体现自己的价值，甚至还会出现更多的奇迹。只要轻松愉悦地接受自己的优点和缺点，并采取不断自我激励的方式，那么我们的人生路上一定会很精彩、很充实、很有意义。

/ 用残缺拼成完美 /

一天，苏格拉底的三个弟子过来向他请教："如何才能找到自己理想的伴侣？"

苏格拉底没做直接的回答，却令人不解地让三个弟子去麦田各摘一只麦穗，并且规定，只允许其向前行进，仅给一次选摘最大麦穗的机会。

第一个弟子刚刚走出几步，看见有只麦穗又大又漂亮，就不假思索地将其摘了下来。但是，在他继续前进时，却看见了不少更大更好看的麦穗，最后，他不得不带着遗憾走完全程。

轮到第二个弟子的时候，他倒是汲取了一点教训，每当他要摘麦穗时，总是不忘警醒自己说："别急，后面还有更好的麦穗。"然而，当他临近终点的时候，他才知道已经错过所有机会了。

接下来，第三个弟子汲取了前面两个人的教训。当他走到三分之一路程的时候，即分出大、中、小三类，当他再走过三分之一路程的时候，他开始验证是不是正确，在最后三分之一路程里，他选出了既大又漂亮的那只麦穗。尽管这可能不是最大最美丽的，但是他走完全程以后，对自己的选择非常满意。

其实，追求完美只不过是在追求一种幻景而已，真正的完美，其实是指只要比常人做得好一些就可以了。在苏格拉底的三个弟子中，第三个弟子总结他人之经验，所摘得的麦穗也许不是最大最好看的，但是，较之前的两个人而言，他做得最好！

有句广告词是这样说的："没有最好，只有更好。"不管在什么样的环境中，我们都必须谨记：永远不要陷入"奢望完美"的沼泽地，也就是说，不要让自己背负沉重的心理负担，凡事只要不留遗憾，尽力就好。

对于我们眼前的一些现状，凡是能够改变的，我们则应尽力去改变；凡是我们无法改变的，我们则应坦然地接受它。有缺憾的，未必就是不完美的，当我们的心灵沉静下来的时候，不妨从另外一个独特视角去看待缺憾，可能缺憾才是真正完美。

有一个单身了半辈子的男人，在他43岁那年，他突然结了婚。新娘跟他的年纪相仿，原本是个歌星，在婚姻方面不是很顺利，曾结过两次婚，最后都分手了，现在在歌坛上几乎销声匿迹了。在不少朋友看来，这个男人很亏，他们总认为新娘有太多的不完美。

一天，这个男人与朋友们一起开车出门，他一边开着自己的车、一边笑着说："我还年轻的时候，就一直有个梦想，盼望着能开上宝马车，但是没钱的我却买不起。现在还是这样，我的钱仅够买一辆三手车。"

事实上，他现在开的就是一辆老宝马车，朋友回答说："三手车也不错呀！"

他听后笑着说："是啊，旧车也不错！我现在的妻子，尽管结过两次婚，还在演艺圈打拼过20年，她经历过那么多的事情。如今的她，已经没有了原来的娇气和浮华气，而且，她还会做一手好菜，又懂得料理家务。说真的，我认为这是她一生中最完美的季节，我在这个时候遇上了她，实属我的福气呀！"

"对，非常有道理的！"朋友也跟着陷入沉思。

过了一会儿，他又接着说道："再拿我自己和她比较一下，我也有许多不完美之处，以前我还做过很多不靠谱的事情。正因为我和她都经历了这些，所以，我们都变得成熟多了，更重要的是，我们知道彼此珍惜、彼此忍让，这种不完美却称得上是一种完美啊!"

故事中的这位"不完美"男人和"不完美"女人最终走到了一起，组建了幸福而快乐的家庭。从某种角度来看，作为一个人，不管是善还是恶，不管是对还是错，不管是完美还是有缺陷，我们都是可以从中受益的，正是两个人的"不完美"才打造了一种美满的家庭生活。

"完美本是毒。"这是一位哲人曾经说过的一句话。这真的需要我们细细体味，如果每件事情都要刻意追求一种完美，无疑在给自己的内心施压、增负，因为追求完美的性情若长此以往演绎下去，就会让一个人变得越来越执着，同时，无边无际的烦恼和忧愁也会相随而至。

有一天，寓言家布里丹牵着自己的小毛驴到野外去找草吃。布里丹见左边的草长势很好，于是赶紧带小毛驴到了左边，很快他又转念一想，觉得右边的草色更绿，于是，又赶紧将小毛驴带到了右边，紧接着，他又想，也许远处有更鲜嫩的绿草，于是，他又匆匆忙忙地将小毛驴带到了远处，再走，又觉得草的量小……

就这样，布里丹带着自己的小毛驴，一会儿到左边，一会儿到右边，一会儿到近处，一会儿到远处，自始至终主意也定不下来。

最后的结果是，这头小毛驴被活活地饿死在半路上。

布里丹的选择就是一种"完美主义"的体现，殊不知，世上没有绝对的完美，总向往"他方必有鲜嫩的草"的想法是多么荒唐和可笑。

所以说，征途中的我们应该以阳光般的心态看待缺憾。一路平坦，没有坎坷的人生之路才叫不完美；相反，铺满磨难的人生之路才能彰显一种韵味十足的真实和完美。

/ 扫点阳光进来 /

阴影是我们每个人心中都具有的，它往往令我们生厌，总是偷偷地隐藏在我们的心灵深处。而我们总会很"忌讳"属于阴影的那一部分，因为它是另一个"我"们，很容易将我们推向恐惧和不安的那口陷阱。所以，我们要在自己的心灵阴影处，摄入一束光，那样我们将不再担忧和害怕。

在很多时候，阴影总爱跳出来"捣乱"，将我们的生活或者工作搅动得很不安。甚至，有的人一生都被阴影所缠绕着，进而自欺欺人，逃避现实，否定自己。殊不知，阴影在发挥副作用的同时，也有着令人瞠目结舌的正面力量，我们完全可以将其破坏力量转化为一种创造力量。

实际上，在我们的内心深处，同时也藏着一把解脱心灵的钥匙，不管我们现在是贫穷的还是富有的，只要坚信自己"一定能行"，那么这种信念就会慢慢演变为一种创造性的状态。在这种状态的驱使下，我们就会逐渐开启那把心灵之锁。

有兄弟二人，一个3岁，另一个4岁，由于卧室的窗户整天都是密闭着，所以，他们都觉得屋里的光线过于阴暗，于是就十分羡慕外面温暖的阳

当你和世界不一样

光。两个人为此商量说："我们可不可以一起把外面的阳光扫一点进来。"

于是，这兄弟二人就拿上扫帚和簸箕，走到阳台上，准备扫阳光。等到他们把簸箕搬到房间里的时候，阳光顿时就消失了。

就这样，两个人重复着扫了许多次，屋里还是那么阴暗，没有一丝阳光。后来，在厨房忙着做饭的母亲看到了两个儿子的举动，便问道："你们在做什么？"兄弟二人齐声回答说："这个房间的光线太暗了，我们要扫点阳光进来。"妈妈听后，微笑着说："你们只要把窗户打开，阳光自然会进来，何必刻意去扫阳光呢？"

其实，故事中房屋的阴暗就如同心灵的阴影处，一旦我们发现了心灵上的阴影，就应该勇于敞开心灵这扇门，让阳光进来。也就是说，我们不仅需要打开心灵之门的工具，而且还要用积极的心态去拥抱阳光，这对于我们每个人的人生而言，意义都是非凡的。

在实际的生活中，我们难免会遭遇很多的困难和挫折，说不定哪一天，不如意就会悄悄降临在我们的头上。所以说，我们只有找到一把适合自己的钥匙，将自己的心灵之门打开，在心灵阴影处摄入一道光，我们才能真正打开未来的成功之门！

比如，感情上受到了重创，或者工作上遭受了打击，或者生活上的各种不如意，等等。这些现实中的情形往往会给我们的心灵套上一副沉重的枷锁。时间一长，我们便会陷入心灵的阴影中，让自己无法自拔，越活越累。而恰恰在此时，偶然读的一本书中的一句话，知己之间的交谈，别人投来的一个微笑，也许对我们而言，就显得那么弥足珍贵，它们就如同一把钥匙，将我们的心灵枷锁逐步打开。

实际上，在生活和工作中，有些人总是喜欢让过去在自己的心灵上投下阴影。比如，有的人曾经拥有过一份很好的工作，后来因自己的失误而丢掉了这份工作，于是，便懊悔不已，始终走不出悔恨的阴影，其实，有些事情只要我们尽力了，问心无愧就足矣。再比如，有的人曾经在大学里拥有一段美丽而纯洁的爱情，因工作地域等原因，两个人无奈地分手，于是从此一直走不出心痛的阴影，其实，有些缘分是不可强求的，随心随缘才叫作真实的人生。

不得不说，在心灵阴影处，我们需要摄入一束光，将其照亮，才可谓是一种可贵的境界。生活就如一场梦，有欢声笑语，有黯然神伤，有疲惫交织着，有忧伤充斥着，不管我们处于怎样的情境中，我们都不要永远沉浸在忧伤的梦里，而是应该勇于抛掉心灵的阴影，让心灵拥有灿烂的阳光和温暖才是现实中要做的。因此，我们每个人都应该大胆地打开心灵的那道枷锁，让心灵充满激情、充满希望。

当然，要想让心灵获得阳光，首先要有一种乐观积极的态度，其次要有实际的行动，只有这样，我们才能最终走向成功。只要在阳光的照射下，心灵上的花草一定会茁壮成长；相反，那些整天只知道追踪阴影的人，眼里看到的只有阴沉黑暗，而缺失阳光般的心态是导致失败的最深根源。

在四川汶川地震期间，那些被埋在废墟下最终获救的人们，在面临可怕绝境的同时，他们本能的求生欲望和骨子里的坚强都得到了淋漓尽致地体现，尽管体内能量逐渐在减少，但是，他们意志的大厦却从未倾倒过，因为，他们有着一颗坚韧的心，使其生命力量不断爆发，最终让自己远离了死神，他们内心所拥有的实则是一道驱走阴影的生命之光。

也只有这束光，才能为我们照亮前程；只有这束光，才能聚焦于与成功相关的思想；只有这束光，才能让我们变得越来越富有；只有这束光，才能让我们抹掉曾经失败残留下的阴影；只有这束光，才能让我们彻底覆没一切黑暗的东西……那么如何才能将这束光摄入心灵的阴影处呢？

首先，要学会如何与阴影共处，毫不犹豫地接纳它的一切。一旦发现心灵上的阴影部分，千万不可像"霜打的茄子"一样，如若不然，它就会大肆反弹。举个简单的例子，一个下决心减肥的女孩，只坚持了两个星期节食，就突然猛吃猛喝，结果身材反而会更加肥胖。所以说，要和阴影培养和谐共处的关系。

其次，认清阴影的真面目，承认它的存在。将阴影的面目看清楚，懂得自己的"要害"究竟在哪里。假设你对某个人或者某件事非常厌烦，那么，就该想清楚，自己到底厌烦什么呢？是讨厌某个人缺乏诚信，还是讨厌某件事触及到了自身利益？

最后，相信阴影也有礼物，一定要善加利用。也许大家意想不到，每个人身上的阴影都是带着礼物而来的。如果你发现自己"很懒惰"，就不妨让自己每天匆匆忙忙。阴影本身并没有错，一旦有了阴影，就要正确地运用它。

总而言之，阴影没有什么可怕的，只要在心灵阴影处摄入一束光，我们的言行就不会受其左右，我们的内心就不会再有焦虑和不安，不管遇到了磨难，还是遭受了不幸，我们也都不会悲观、失望，我们会勇敢前行，直达成功的彼岸！

/ 错过了太阳，还有星星 /

著名作家泰戈尔曾经说过这样一句经典的话："如果你因为错过太阳而哭泣，那么你也将错过星星了。"在我们的一生中，事情不会总是那么如意，

247

第八辑　当你懂得缺憾，也就懂得了人生

不如意的事情也是经常光临的。每逢此时，我们若不能正确面对人生的这些缺憾，让其一直纠结于我们的内心深处，这样只会加重我们的痛苦和烦恼。

在现实生活中，有不少事情虽已过去了，我们在想起来的时候仍难免心生悔意。有时候，我们决定了一件事情，会后悔，不作决定，也会后悔；人生中出现的重要人物遇见了，会后悔，错过了，也会后悔；一些藏在心里的话说出来，会后悔，憋在心里一直不说出来，也会后悔……就好像，人的后悔和遗憾是与生俱来的一样，其实在更多时候，我们需要自己安慰自己：错过了太阳，我们还有星星。

在美国一个小镇的学校中有一个班级，它是由26个孩子组成的。

在这些孩子当中，几乎每个孩子都曾经有过不好的人生记录，有人吸毒，有人进过少年管教所，还有一个女孩竟然在一年时间里堕胎三次。其实，这些孩子的家长都拿他们没有办法，所以说，老师和学校差不多算是将他们放弃了，自然也不抱太大希望了。

就在此时，一个叫菲拉的女老师接管这个班的学生们。在新学年开始的第一天，菲拉打破了其他老师的整顿纪律之常规，而是先让孩子们做了一道选择题：

有三个候选人，分别是：第一个人是笃信巫医，这个巫医有2个情妇，不仅有多年的吸烟史，而且还总是嗜酒如命；第二个人是曾2次被赶出办公室的人，他整天睡懒觉，晚上临睡前总是要喝上大约1升的白兰地，并且还吸食过鸦片；第三个人曾是国家的战斗英雄，是素食主义者，从不吸烟，只是偶尔喝点酒，在年轻的时候没有违法记录。

接下来，菲拉让孩子们从中选出一位日后能造福于人类的人。可以肯定地说，孩子们都选择了第三个人。可是，菲拉公布的正确答案令孩子们都很

当你和世界不一样

惊讶："孩子们，我知道你们一定都认为只有第三个人才有可能造福于人类，但是你们的选择真的错了。其实，我说的这三个人分别是富兰克林·罗斯福、温斯顿·丘吉尔和阿道夫·希特勒。"孩子们听完老师的答案后，都目瞪口呆。

紧接着，菲拉对孩子们说道："孩子们，你们的人生才刚刚开始，以前的不好记录早已成为了过去，并不代表你们的未来。所以，你们快从中走出来吧，学在当下，做自己最喜欢的事情，你们都将成为了不起的人才……"

后来，26名孩子的命运都得到了改变，关键就在于菲拉的这番话。有的孩子当了心理医生，有的成了法官，有的成为飞机驾驶员，等等。很值得一提的是，当年那个最捣蛋的学生罗伯特·哈里森竟然成了美国华尔街上年龄最小的基金经理人。

孩子们在长大以后，都这样说道："我们都原以为自己真的是无可救药了，因为所有的人都这么认为。但是，是菲拉老师将我们叫醒了：过去并不代表未来，过去并不重要，我们把握住现在和将来才是最为重要的呀。"

每个人的一生中，谁都希望自己所做的每一件事都不会是错的，但是，在人生路途之上，人是不可能不走弯路，不可能不出错的。关键是，我们在意识到自己走错的时候，应及时将方向矫正过来，要明白，此时有后悔情绪并非异常，从更大程度上来讲，这种后悔其实是一种自我反省，是自我解剖与抛弃的重要前提，只要是积极的后悔，我们就能走好以后的路。但是，若只是纠结于后悔不放，自暴自弃下去，那当然就属不明智之举了。

如果我们没能如愿得到自己想要的东西，千万不要让忧虑和悔恨搅乱我们的现实生活，我们要学着豁达一些、宽容一些，尽快忘记过去，别让过去毁了现在，这才是我们走向成功的关键所在。也就是说，如果我们将所有的时间和精力都用在纠结于过去上，那么，就相当于我们在无情地用后悔来扼杀现在。所以说，我们每个人都要尽快忘记过去，不要活在过去的世界里，这样我们才能把握住不久将来的幸福。

其实，我们即便是错过了温暖的太阳，但是，我们还有月亮，还有星星。然而，有一点很重要，那就是，在我们无意间错过了太阳以后，千万不要再错过星星和月亮。只要坚持自己的努力，就一定不会再让遗憾上台重演。

因为一些不该错过的和我们擦肩而过，就自然会有遗憾产生。可以说，我们每个人一生中都会留下遗憾，学业、生活、友谊、事业……一句简单的玩笑，一次冲动的争论，一次不理想的考试，一次不舍的分别，一次生死的抉择，两条不一样的道路，两种完全不同的命运……可以说，在我们的身边，遗憾常伴左右。

而愚蠢的人会让遗憾再次出现，聪明的人会尽量避免遗憾出现。人的一生难免会有遗憾，难免会无意中错过太阳，要想不再错过星星，甚至月亮，就需要我们认清自己、肯定自己，更好地把握住现在，只有这样，我们的遗憾才会少一些，我们才能拥有更多的幸福。

可以说，在这个世界上，是没有后悔药的，所以我们要把握好青春，把握好自己的命运。《钢铁是怎样炼成的》一书里的主人公保尔曾经说过这样一段话："人最宝贵的东西是生命。生命对于我们每个人来说只有一次。一个人的生命应当这样度过：当他回首往事的时候，不因虚度年华而懊悔，也不因碌碌无为而羞愧。这样，在临死的时候，他能够说：'我整个的生命和全部精力，都已献给世界上最壮丽的事业——为人类的解放而斗争。'"

是啊，我们每个人的人生只有一次，每个人的青春也只有一次。永远不要为错过了太阳而沉浸在懊悔的情绪里，而是要抓住一切机遇，通过自己的努力，将生活的幸福紧紧握住，只有这样，才不枉我们活在世上一次。

无论怎样，我们都要珍惜现在的生活，珍惜宝贵的现在，踏踏实实过好每一天，认认真真做好我们自己，永远不要为错过了太阳而哭泣，因为太阳没了，还有星星，但是万万不可再错过了星星，所以就需要我们完善自我、提升自我，将我们的生命价值真正体现出来。

/ 用心感受当下的幸福 /

很多时候，很多事情，是人力所不能及的，有时候也是超出人的预料之外的。正如鲁迅先生说过的："倘要完全的书，天下可读之书怕要绝无；倘要完全的人，天下配活之人也就有限。"

或许正是如此，才让已经拥有的一切，因为遗憾、因为残缺而显得更可贵、更美丽吧！

可是，总会有人认识不到这一点，于是他们在瞻前顾后中饱尝忧虑，在"得不到"和"已失去"两种痛苦状态间摇摆不定，并感觉自己的人生毫无乐趣！

其实，真正的快乐是活在当下，也许当下不尽如人意，但是只要用心去感受，将心灵融入每一天的生活，那么就会找到生命的真谛，也就真正领略了人生的完美。

实际上，生活和工作完全可以慢慢来做，有时候千万不要刻意给自己施加太大的压力，忙碌之中更要注意适当地休息，别让自己的心太累，否则我们就很难拥有快乐和幸福。

第八辑　当你懂得缺憾，也就懂得了人生

有一天，一位企业家在医院接受治疗，医生最后叮嘱他一定要多休息，多放松自己的心情。然而，企业家却十分懊恼地说："我每天承担大量的工作，不会有人替我分担。医生，您知道吗？我每天都必须提着一个沉重的手提包回家，因为里面满都是工作文件，那么，在这种情况下，你让我怎么去放松心情呢，因为我满脑子都是工作！"

医生十分吃惊地说："你的工作为何那么多？为什么晚上还要批示文件呢？"

企业家显得十分焦躁，说："那些都是我必须要处理的急件。"

医生又继续问："难道你的公司只有你一个人吗？那么，你的助手去了哪里呢？"

医生的话，让企业家更加愤怒不安了，他怒斥道："他们怎么可能做得了？只有我自己才能正确地批示呀！并且，如果我处理不完，公司在次日就没有办法运营。"

听完企业家的话，医生说："这样吧，现在我开一个处方给你，你不妨从今天起试一试吧。"说着，他在处方上写着什么，然后，将处方递给了这位企业家。

企业家拿起处方，一字一板地朗读起来："不管你有多么地忙，每个星期你必须抽半天时间到墓地一次，而每次必须是两个小时。"

企业家惊讶地问医生："去墓地？你这是让我去干什么呢？"

医生脸上带着微笑，说："这是由于我非常希望你可以四处走一走，看一看那些与世长辞的人的墓碑。然后，你也许会想一下，那些躺在墓地里的人，活着的时候可能与你一样，认为全世界的事都得扛在自己的双肩上，然而，他们现在要在这里长眠了，你或许有一天也会加入他们的行列，但是，地球永远不会因为这些而停止转动。而其他在世的人们，仍是如你一样继续工作着。所以，我希望你站在墓碑前，好好地思考一下你目前的现实问题。"

企业家听完这番话，突然愣住了。回到家以后，他依照医生的指示，开始将自己的一部分工作转交给别人，放慢了生活的步调，因为，他明白了自己生命的意义不在于急躁和焦虑，而在于调和自己的内心，也可以说，他比以前活得更好，当然，事业上也没有被落下。

如今，这位企业家每个星期都会和朋友一起去打高尔夫、爬山，大家都说他的心态越来越年轻了。

曾经有专门的医疗机构调查结果显示，我们有时会经常性的精神紧张，主要原因是，我们缺乏一种自身的定力，对放松身心还没有形成一个好的习惯，所以，就习惯性地将注意力放在"下一步我应该做什么事情"的问题上。

在现代职场上，特别是一些白领，他们好像真的没有休息的时间，一直绷在工作的紧张情绪中，就算是下了班，在家里也不是陪家人喝茶、聊天，而是立即打开电视看新闻，或者通电话联系第二日的业务……好像一分钟浪费了过去，他们的生命即刻就会停止一样。

在我们感到活得很累的时候，就不妨真的试着给自己松松绑，只有这样，我们才能从中得到解脱，让生活快乐和充实起来。比如，下班回家后，与爱人坐在一起，看看电视，聊聊家常；在周六日的时候，邀请上几位好闺密，一起去商场购物、去健身房健身……总而言之，在忙碌之中，一定要让自己的神经松弛一下，不要活得太累。

实际上，有两种放松身心的方法，一种是逐步放松，另一种是时紧时松，我们都可以尝试一下。

其中，前者的具体练习方法是：自己找一个舒适的地方躺下来，练习深呼吸，有意识地将新鲜的空气吸进体内，然后，深深地吐出去，以舒缓紧张的身心。接下来，将自己的精力集中在身上的每一个部位，从脚趾依次到头顶。在进行部位关注的同时，一定要做到完全放松，直到该部位的肌肉彻底放松为止。然后，再做一次，方向正好相反，是从头顶到脚趾。

后者的具体练习方法是：让自己在一个安静的地方独处半个小时，然后播放轻音乐，空气里也可以加一点香气。让自己坐在一把舒服的椅子里，或者坐在地上，或者坐在床上，然后，自己开始放松身上的每一组肌肉，从脚开始做起。接下来，呼气，与此同时，逐步地绷紧、放松双脚，"放松—绷紧—放松"的动作共重复 3 次。然后是小腿、大腿、腹部、臀部、胸部、双胳膊、双手、脖子、双肩、面部、头部，在每一个部位都做完以后，开始体会放松之后的那种感觉，并且，将这种感觉记在心里。

总而言之，我们在忙碌之中，一定要学会放松自己的身心，这样才不至于让自己活得太累，从而拥有快乐而又精彩的人生。

/ 舍了妄想，得了快乐 /

有一位刚出家的佛门弟子，平时十分刻苦，终日打坐，想成为禅僧。

他的师父发现后，便问道："你为何要终日打坐？"

弟子答道："我要成为禅僧。"

师父听罢，微微一笑，说："你打坐的目的就是为了成为禅僧吗？"

弟子回答："是的。您不是经常教导我们说，打坐可以守住最容易迷失的心，可以以清净之心来看待周围的一切事情，终将可以成为禅僧吗?"

师父说："你错了，你心中带有欲望去打坐，如何以清净之心来看待周围的一切事情呢? 你这样打坐只是在折腾自己的身体，根本没有达到打坐的目的，何以成为禅僧?"

弟子越听越糊涂，迷惑地望着师父。师父接着说道："要成为禅僧并不是让你整天像木头一样地坐着，而是心情要达到一种极度的宁静状态。你这样带着目的去参禅打坐，内心只会散乱，我们的心灵本来就是清净安宁的，你受到了外界的这些物象的迷惑与困扰，便会如同明镜上面蒙上了灰尘，最终不仅不能成为禅僧，而且还会在不知不觉中愚昧地迷失自己。"

弟子顿悟地说："我明白了，当我放下成为禅僧的执念时，反而能专心打坐，这样对我成为禅僧才是更有帮助的。"

如果我们一心想着自己要成就什么，天天想它，时时想它，口头和行动上也总是离不开念叨它，那么最后的结果往往会令我们大失所望。相反，如果我们将成就的念头彻底放下，反而会如探囊取物一般实现自己的理想。

举个例子：有个聪明的男孩子每天只想着考取博士，每次在用功之前，也都会念叨很多遍，但是最终面对他的却是失败。总之，有舍有得，不舍不得，在我们平时的生活中，舍与不舍的结果是如此悬殊。

有两个人去大沙漠中寻宝，幸运的是，这两个人都找到了很多钻石，比他们想象的还要多。

于是，其中一个人只将两颗钻石装进了自己的羊皮袋，然后就轻松地上路了，心想："这两颗钻石足以让我的全家一辈子都能过上衣食无忧的日子，我今生知足了!"就这样，几天以后，这个人开心地走出了沙漠，和全家人过上了幸福的日子。

而另一个人却将自己的羊皮袋塞满了钻石，不仅如此，还塞满了自己的衣服兜，然后也上了路。可是，没过几天，他便觉得身上的钻石一天重于一天，同时自己身上的干粮也一天少于一天。每当他感到很累的时候，他就很想扔掉这些钻石，可是每次他都因为舍不得，只得放弃了这个想法。

最终，这个羊皮袋里装满钻石的人没能走出沙漠，就累死在半路了。

故事告诉我们：面对钻石，一个人仅选择了两颗钻石就轻松上了路，很快走出了沙漠；而另一个人却选择用羊皮袋装满钻石，疲惫地走在沙漠里，最关键的是，在需要他做出"弃掉"这一选择时，他依然显得很不舍，可正是因为这个"不舍"才使他丧了命，如果他从一开始就选择简单上路，或者在半路上及时舍掉一些钻石，他一定也会过上幸福快乐的日子。

总而言之，舍和不舍即在一念之间，两种不同的结果对比起来，却是这么的悬殊。我们每个人在实际生活中，一定要学会适时舍弃，因为正确的舍弃能使我们直达成功。

不得不说，舍得是一门艺术性哲学，是一种智慧性的选择，是一种懂得忍耐的承担，一种为人处世的学问，也许，我们在舍弃时是纠结、痛苦的，但是，之后的结果会给自己一种想不到的喜悦。其实，世间万物都在舍得之中，只有舍才有得。

当然，我们每个人都是凡夫俗子，会对情感、名利和金钱寄予太多的欲望，但是，往往这种欲望很容易让我们无法把握舍与不舍的分寸，或者过了，或者不及，于是注定那么多的悲剧酿成。所以说，我们都要学会把握好这一尺度，只有这样，我们才能在舍弃之后获得成功。

在2000多年前，孟子就曾经对舍与不舍下过这样的结论："鱼，我所欲也，熊掌，亦我所欲也，二者不可得兼，舍鱼取熊掌者也；生，我所欲也，义，亦我所欲也，二者不可得兼，舍生而取义者也。"在此，孟子生动地阐释了"舍与不舍"所蕴含的哲理，每个人只有做到了舍弃方能获得一些硬道理，我们也应该试着从新的角度对生活中的得与失积极地看待。

在人生的路途之上，从一个人的舍与不舍中，足可以窥到此人的成熟度和拥有智慧的多少，因为只有在我们对自己进行理性审视和客观规划后，才能作出舍弃的决定。如果一个人敢于舍，那么从因果论来讲，他便会获得更多；如果一个人不懂得舍，最终便会一无所获。

在实际生活中，我们给人一个微笑，就会收到别人的"回眸一笑"；我们给人一句赞美，我们就能得到别人投来的期许和肯定。总之，我们舍给别人好的，我们就会获得好的；我们舍弃自己的弱点，我们就会仅剩闪光的方面；我们舍了妄想和欲望，我们才会获得快乐。

著名诗人泰戈尔曾经说过："当鸟翼系上黄金时，就飞不远了。"总而言之，让我们学会在生活中正确地去选择和舍弃，因为只有舍才有得，不舍就不得，我们只有在大度地"舍"中才能度过人生中的风雨，才能获得心灵上的宁静，才能迎接成功后的春暖花开。

/ 世间美好，大约如此 /

在通往成功的路上不全是光明，在黑暗袭来的时候，关键在于能否揭开自己的"庐山真面目"，从而接受自己、肯定自己。其实，在很多时候都是这样的，只要能够做到正确的自我认知，自己看得起自己，自然就会增加成功的概率。

特别是在困境面前，我们要自信满满，挺胸抬头，敢于出手挑战，这样一来，结果一定会呈现一种新模样。人活一世，如果连自己都无法肯定自己，别人又如何对我们的能力等给予肯定和赞许呢？

古往今来，有不少成功人士的亲身经历都表明，没有办不到的事情，没有无法改变的结果，只要自己大胆挑战，奋力拼搏，就没有所谓的"不可能"！在前行的路上，我们有时恰恰缺少了这一点自信。总之，只要我们踏踏实实地走过去，曙光就在眼前，我们的人生也将会大放异彩。

黄美廉女士是一位先天的脑性麻痹患者，最重要的是，她不能像正常人一样说话。然而，黄美廉女士却以常人无法想象的毅力和心态坚强地活着，在人生的道路上取得了一个又一个的成功。她不仅获得了美国加州州立大学的艺术博士学位，还到过很多地方办画展、做演讲，用自己的故事鼓励人们一定要珍惜生命，一定要热爱生活。

黄美廉女士在每次演讲的时候，都是以笔代嘴，以写代讲，后来，人们亲切地称呼她为"写讲家"。有一次，她在台南市演讲时，"说"了一句经典语：我只看我所有的，不看我所没有的。

当时，台下有位同学突然站起身来提问："黄女士，您天生这样，您是如何看自己的呢？"

黄美廉听后非常有力度地将"我如何看自己"几个字写在了黑板上，然后，慢慢地转过头，冲着那个学生微微一笑，又转过头来在黑板上写下了下面这几行字：

我好可爱！

我的腿很长很美！

父母如此爱我！

……

此时，台下的听众都沉默了。最后，她在黑板上写下了那句经典语：
"我只看我所有的，不看我所没有的。"

像黄美廉女士具有的这种不肯向命运低头，无比珍惜、热爱生命的精神，在感动我们的同时，尤其值得我们学习。我们若想拥有光明而又美好的前途，就必须接受磨难和挫折的反复"锤炼"，经得住五花八门的考验，另外还要对自己重重地肯定，只有这样，才能迎接未来的曙光。

其实，我们每个人都有这样或者那样的缺陷，在人生路上也会经历一些如意或者不如意的事情，关键在于，我们应正确看待和对待自己，而不能将心中的不满归咎于命运，评论命运之好坏。如果每个人都能像黄美廉女士说的那样"只看自己所有的，不看自己所没有的"，我们就会懂得：其实我们不是不富有。

1960 年，来自哈佛大学的罗森塔尔博士曾经在美国加州一所学校进行过这样一个著名实验。

在新学期刚刚开始的时候，有三位老师被叫到了罗森塔尔博士的办公室，罗森塔尔博士对他们说："根据你们过去的教学表现，你们是本校最优秀的老师。所以，我们新组建了三个班，总共有一百个学生，他（她）们是全校中最聪明的学生，从现在起，你们三位就分别担任三个班的老师。"

三位老师听后很高兴，并表示一定会全力以赴。校长又叮嘱他们说："不过，你要遵守一个秘密，千万不要告诉这一百个学生，他们是被特意挑选出来的。"

就这样，一年时间很快就过去了，果然，这三个班的学生成绩排在整个学区的前列。这个时候，校长才把真相说了出来："这一百个学生并非我们特意挑选出的最优秀学生，只是从一些最普通的学生中随机抽取出来的。"

三位老师顿时就想到了，原来自己的教学水平如此高。这个时候，校长又说出了一个秘密："你们也是一样，并非被特意挑选出的全校最优秀教师，也是从普通老师中随机抽调的。"

实际上，罗森塔尔博士早就预料到了这样的结果：三位老师和这一百个学生在看到自己被别人认可后，自己的内心都有了很大自信，进而，在工作和学习上都非常努力，这样一来，在其辛勤努力下，最终便有了好的结果。

从实验结果中，我们不难得出结论：一个人拥有的自信不可小觑，它完全可以产生无穷的威力，应该说，自信如同一个人取得成功的"奠基石"，而不自信只会让自己和成功"擦肩而过"。

事实上，自信会给我们带来很大的力量，相信自己、肯定自己、最大化地发挥自我优势，让自己的能力"暴露无遗"，我们才不会和成功"形同陌路"。尤其是在现代职场中，一个没有一点自信的人注定会和失败"相遇"，而肯定自己，充满自信的人则会站稳脚跟，让自己立于不败之地。为了活出自己生命的精彩，迎接人生成功曙光的到来，就让我们换个角度，看待一切吧！相信，我们会看到最美的自己，最美的人生，还有最美的世界！

图书在版编目(CIP)数据

当你和世界不一样：自我成长修炼书 / 徐洁著.—北京：
中国华侨出版社,2015.8

ISBN 978-7-5113-5643-7

Ⅰ.①当… Ⅱ.①徐… Ⅲ.①人生哲学–通俗读物
Ⅳ.①B821–49

中国版本图书馆 CIP 数据核字(2015)第208421 号

当你和世界不一样：自我成长修炼书

著　　者 / 徐　洁

责任编辑 / 文　蕾

责任校对 / 孙　丽

经　　销 / 新华书店

开　　本 / 710 毫米×1000 毫米　1/16　印张/17　字数/241 千字

印　　刷 / 北京建泰印刷有限公司

版　　次 / 2015 年 10 月第 1 版　2015 年 10 月第 1 次印刷

书　　号 / ISBN 978-7-5113-5643-7

定　　价 / 32.00 元

中国华侨出版社　北京市朝阳区静安里 26 号通成达大厦 3 层　邮编:100028

法律顾问:陈鹰律师事务所

编辑部:(010)64443056　　64443979

发行部:(010)64443051　　传真:(010)64439708

网址:www.oveaschin.com

E-mail:oveaschin@sina.com